线 性 规 划

张香云　主编

ZHEJIANG UNIVERSITY PRESS
浙江大学出版社

内容简介

本书是在作者多年使用讲稿的基础上,结合参编者的教学经验修订而成。为了方便教与学,本书从应用实例出发,系统讲述了线性规划的概念和方法。因此既适用于普通本科院校、专科院校经济与管理等有关专业的线性规划课程使用,也可作为管理人员的自学参考书。当然,具体内容可根据各校教学时数酌情取舍,其中带"＊"的部分可作为选讲内容。

全书共分七章,包括:绪论、线性规划问题的数学模型、线性规划问题的标准形、线性规划问题的图解法、单纯形法、对偶规划、灵敏度分析与参数规划、运输问题的特殊解法等。每章都配有一定数量的练习题,书末附有全部练习题的参考答案,以供学习者参考。

本书由张香云主编,胡桂华、张立溥为副主编。黄敏、宋红凤、李太勇为本书编委。

前　言

　　本教材主要为管理学、经济学等专业本科生而编写,也可以作为其他专业的学习参考书.在本书的编写过程中,主要体现了如下几个特点:

　　1.线性规划已经具有成熟的理论与方法,本书既力争在内容形式上保持理论体系的完整性,也尝试使用几何直观来解释其概念与方法,努力做到推导严谨、通俗易懂.

　　2.内容由浅入深、理论结合实际.比如通过实例讨论,引入逐步逼近最优解的迭代思想与方法,并由此导出单纯性方法原理;在单纯性方法的基础上,给出了不同的优化求解方法,并分析了各种方法之间的联系与差别.

　　3.突出课程特点,注重实际应用.例题、习题选取新颖,紧密结合经济与管理专业的实际需要,为学生学以致用、理论联系实际,培养学生解决实际问题的能力奠定基础.对于手工计算求解的题目,则重点突出方法训练,而尽量避免复杂运算或大量重复运算的现象.

　　4.本书安排了必修内容和选修内容,可满足 40 学时或 48 学时的教学要求.每章内容之后配有适量练习题,并在全书后面安排了总练习题.既满足基本概念、基本方法的训练,也为学生全面复习提供了基本素材.

　　本书在编写中受到了教研室同仁的大力支持,浙江大学出版社为本书的顺利出版付出了大量劳动,在此表示衷心感谢!

　　由于水平有限,书中可能存在一定的错误或不足之处,敬请读者或同行批评指正.

编　者

2009 年 10 月

目　　录

绪　　论

一、线性规划问题的由来

线性规划是最优化问题的重要领域之一. 很多运筹学的实际问题都可以用线性规划形式来表述. 线性规划问题的某些特殊情况,例如网络流问题和多商品流量问题,具有非常重要的实际意义,以致产生了许多专门的算法研究. 许多其他种类的优化算法中,也都用到了将问题分拆成线性规划的子问题,然后再分别求解的方法. 历史上,由线性规划引申出的有关概念,启发了最优化问题的核心概念,比如对偶、分解、凸性等等. 同样地,在微观经济学和商业管理领域,线性规划被广泛地应用于收入极大化和成本极小化问题的求解.

从总体上讲,线性规划的理论与方法发源于 20 世纪初、发展于 20 世纪中,完善于二战后期、成熟于冷战时期. 线性规划的理论与方法构成了军事运筹学的基础,不仅在军事领域获得了巨大成功,同时也在经济决策领域、科学研究以及其他领域都获得了普遍应用.

在我国古代,很早就产生和运用了运筹学的思想和方法. 不仅"系统考虑,全局统筹"的哲学思想贯穿于历代思想家的观念之中,而且涌现了以著名军事家孙子为代表的杰出人物. 汉高祖刘邦盛赞其谋士张良"运筹帷幄,决胜千里"的典故,也为大家耳熟能详.

对线性规划理论和方法作出贡献的国外科学家主要有:

乔治·丹泽格(George Dantzig)被认为是线性规划之父. 他在 1947 年发表的关于线性规划方法的研究成果中,提出了求解线性规划问题的单纯形法. 该算法在实际中得到了巨大应用,并被誉为 20 世纪的十大算法之一. 我们将在本书中作重点讲述.

康托洛维奇于 1939 年提出了类似于线性规划的数学模型,并给出了"乘数解法"的求解方法. 1960 年,他又发表了《最佳资源利用的经济计算》一书,受到了国内外的普遍重视,为此,康托洛维奇还获得了诺贝尔奖.

二、线性规划问题的应用范围

线性规划的方法有着非常广泛的应用领域. 无论在什么场合或情况下,只要存在选择的机会,几乎都可以运用线性规划的理论和方法进行方案优化.

1. 企业营销策划

只要产品对用户而言具有价值,就一定有市场;但是有市场并不能保证入市者都能赚钱.要想成为同行业者的佼佼者,除了产品要有好的质量、低的成本、优质的服务外,还需要有好的营销策划.

2. 产品生产计划

在通常的企业中,生产计划往往需要与营销计划相配合,但生产计划却不能简单地随着营销计划而执行.因为产品的发展有两个基本驱动力,一个是市场需求,另一个是技术革新.前者具有技术的盲目性,后者具有市场的盲目性,单靠哪一个因素为牵引来制定生产计划,都有可能导致企业走向失败.于是在技术驱动和市场牵引的诸因素之间,需要进行某些优化选择.

3. 采购与库存管理

采购与库存管理通常与减少资金挤压和减少损耗相联系,既要保证生产线和销售系统不间断地连续运行,又要保证不积压过量的资金和增加商品库存,就需要统筹考虑产、供、销各个环节的衔接优化问题.

4. 物流管理

对于物流成本占总成本比例较高的行业,需要认真考虑优化物流方案,否则利润将被物流费用所吞噬.

5. 理财与投资

产品经营只是企业经营的一半内容,资本与资产经营是企业经营的另一半内容.如何理财、如何投资,已经成为企业经营者必须面对的日常决策课题.而资产运作和资本运作恰恰是高风险、高回报的业务,策划得当,收益颇丰;策划不当,损失巨大.因此优化和运筹在该领域发挥着巨大的作用.

另外,在人事管理、综合评价、设计优化、宏观经济调控、城市管理、农业种植等等方面,规划和统筹都可以发挥巨大作用.

总而言之,凡是能用线性约束来限制其内部运行规则,并具有明确的线性优化目标的问题,都可以用线性规划的方法去求解.但是当方程中含有二次或者二次以上方幂的变量,或者变量不随其他因素变化而变化,以及变量不具有确定性取值规则的问题,则不属于线性规划的范畴.

三、求解线性规划问题的基本原则

求解线性规划包括几个基本步骤,我们概括如下:

首先是提出问题并进行抽象,这是整个规划过程中最关键的一步.它需要确定优化的目标、明确约束的条件、决策的变量以及已知资源的参数.如果在这个过程中出现错误,那么整个规划就会变得毫无意义或者出现严重错误.因此,必须对所求问题有一个全方位的、透彻的了解和把握,要明确已知因素、未知因素是什么,约束条件有那些,规划的目标是什么等等.

这里重要和困难的是对问题的抽象过程.问题的抽象过程实际上是一个透过现象看本质的过程.不同的立场与观点,所看到的问题本质也会不同.因此,对问题进行正确抽象是利用线性规划方法获得正确判断与选择的根本性基础.

其次要建立科学合理的数学模型.根据前一步抽象的结果,按照线性规划模型的构成规则,把决策变量、约束条件和资源参数之间的关系等,用恰当的数学式子表示出来,并确定建立上述各因素之间严格的数学关系.

再次是求解和检验结论的过程.也就是用数学方法对所建立的数学模型进行求解,并对所求得的解进行验证;对解的验证主要依靠与问题相关的专业知识与常识,与客观规律相违背的结果可能来源于前面数学模型或者输入数据的错误.

最后是对解的灵敏度分析和应用.一般来说,线性规划的问题随着某些资源变化会发生相应的变化.灵敏度分析就是通过一些科学的算法,确认求解过程中各种参量的变化范围,了解最优解随某些参数的变化而变化的信息.在整个过程的最后,需要将获得的结果返回到实际问题之中去解决实际问题.如果实际问题的外部环境与内部因素发生了显著变化,则应该及时回到第一步,修正抽象条件和数学模型,重新求解,以便及时调整规划内容,适应变化了的新情况.

第一章　线性规划问题的数学模型

一、线性规划问题的数学模型的定义

我们首先给出数学模型的定义.数学模型是关于部分现实世界和为了某种特殊目的而作出的一个简化的抽象结构.具体来说,数学模型就是为了某种目的,用字母、数字及其他数学符号建立起来的等式或不等式,或者图表、图像、框图等描述客观事物的特征及其内在联系的数学表达式.例如:

(1)物理学中描述速度、距离与时间要素之间的关系式是 $v = \dfrac{s}{t}$,反映的是物体运动速度与物体运动距离、运动时间之间的抽象关系.它与具体的物体是什么、在哪儿运动、在运动中物体的内部结构是否能保持不变等因素无关.

(2)牛顿第二定律 $F = ma$ 反映的是:作用在物体上的力、物体的质量和物体运动的加速度这三种物理参数间的抽象关系,它反映的是被研究物体在力学方面的本质属性.

在现实世界中,被各类抽象模型所描述的事物,往往包含比模型本身所揭示的规律丰富得多的内容.抽象的模型往往要通过许多假设来使其简单化,真实的事物运动规律很少能绝对满足模型所假设的各种前提条件或要求.

在(1)中,绝对的均匀速度在现实生活中是不存在的;而在(2)中,一般物体往往要受多种力的作用,其互相作用的力通常表现为某种复杂形式的总和.

数学模型的特点包括以下几个方面:

(1)一个数学模型必须揭示2个或2个以上参数之间的某种关联关系.

(2)一个模型所揭示的参数必须可以用确定的文字、图像、数字、表格等进行描述.

(3)模型的各个参数之间,其关联关系能用相等、不相等、大于、小于、包含等各种关系式来描述.

数学模型大致上可以分成两大类.按照变量本身的特性来划分,包括确定性变量模型、随机性变量模型、连续性变量模型、离散型变量模型等;而按照变量之间的关系去划分,包括代数方程模型、微分方程模型、概率统计模型、逻辑模型等.

线性规划的模型是由一个含有等式或不等式的代数方程组,以及一个具有求极值关系的代数表达式复合而成. 通常将包含的变量取值范围和代数方程组称为约束条件,表示极值关系的代数式称为目标函数.

构成一个线性规划模型,首先是求解的问题所包含的每个决策变量都是确定的,其取值范围必须已知,并且问题所包含的决策变量总数是有限的. 其次,每一种资源的数量、每一种决策变量利用相关资源的约束系数都必须确定. 最后,不同决策变量对于某种资源的需求之和与该种资源的现有总量相对应,并且每一类现有资源的总量与相关决策要素对该类资源的总需求相比所获得的关系也是确定的. 这些必要性条件称为约束条件. 另外,还必须有一个确定的、期望达到的目标,并且这个目标可用对全部或者部分决策变量与相关价值系数的乘积之和(称为目标函数)来表达.

如果模型中包含多个目标函数,则称该模型为多目标线性规划模型;如果模型中包含一个或多个二次方幂以上的变量,则称之为非线性规划模型.

如果模型中包含一个以上的变量随时间变化而变化,则称该模型为动态规划模型.

本书所讨论的模型限制为单目标静态线性规划模型. 我们在下一节重点介绍经济管理中常用的线性规划模型,并通过实例来详细解释以上各种条件.

二、线性规划问题的数学模型

在生产实践中,经常会遇到如何利用现有资源来安排生产,以取得最大经济效益的问题. 此类问题构成了运筹学的一个重要分支——数学规划,而线性规划(Linear Programming,简记 LP)则是数学规划的一个重要分支. 自从 1947 年 G. B. Dantzig 提出求解线性规划的单纯形方法以来,线性规划在理论上日趋成熟,在实用中也日益广泛与深入. 特别是随着用计算机处理成千上万个约束条件和决策变量的线性规划问题实现之后,线性规划的适用领域更加广泛,已经成为现代管理中经常采用的基本方法之一.

我们首先从认识线性规划的模型开始.

1. 线性规划问题的实例

例 1 (生产计划问题)某机床厂生产甲、乙两型机床,每台机床销售后的利润分别为 4000 元与 3000 元. 生产甲机床需用 A、B 两种机器加工,加工时间分别为每台 2 小时和 1 小时;生产乙机床需用 A、B、C 三种机器加工,加工时间为每台各 1 小时. 若每天可用于加工的机器时数分别为 A 机器 10 小时、B 机器 8 小时和 C 机器 7 小时,问该厂应生产甲、乙机床各几台,才能使总利润最大?

设该厂生产 x_1 台甲型机床,生产 x_2 台乙型机床时总利润 s 最大,则上述问题的数学模型为

$$\max s = 4000x_1 + 3000x_2 \tag{1.1}$$

$$\begin{cases} 2x_1 + x_2 \leqslant 10 \\ x_1 + x_2 \leqslant 8 \\ x_2 \leqslant 7 \\ x_1, x_2 \geqslant 0 \end{cases}.$$ (1.2)

这里变量 x_1, x_2 称为决策变量,(1.1)式被称为该问题的目标函数,(1.2)中的几个不等式是问题的约束条件. 决策变量、目标函数、约束条件构成了规划问题数学模型的三个要素. 由于上面的目标函数及约束条件均为线性函数,故被称为线性规划问题.

总之,线性规划问题是在一组线性约束条件的限制下,求线性目标函数最大或最小的问题.

综上所述,我们总结线性规划模型的三要素如下:

(1)决策变量:需要决策的量,即待求的未知变量;

(2)目标函数:需要优化的量,即欲达的目标,用决策变量的线性式子表示;

(3)约束条件:为实现优化目标需要受到的限制,用决策变量的等式或不等式表示.

注意:线性规划模型的目标函数和约束条件均为决策变量的线性表达式,如果模型中出现形如 $x_1^2 + 2\ln x_2 - \dfrac{1}{x_3}$ 的非线性表达式,则不属于线性规划问题.

在解决实际问题时,把问题归结成一个线性规划的数学模型,是最重要、但往往也是最困难的一步. 模型建立是否恰当,直接影响到问题的求解;而决策变量选取的是否适当,则是建立有效模型的关键. 下面继续举例说明如何建立线性规划的模型.

例 2 (生产计划问题)某工厂用三种原料生产三种产品,已知条件如表 1-1,试制订总利润最大的生产计划.

表 1-1

原　料 ＼ 产　品	产品 Q_1	产品 Q_2	产品 Q_3	原料可用量(公斤/日)
原料 P_1	2	3	0	1500
原料 P_2	0	2	4	800
原料 P_3	3	2	5	2000
单位产品的利润(千元)	3	5	4	

解 可控因素:设每天生产三种产品的数量分别为 x_1, x_2, x_3;

目标函数:即每天最大的生产利润,如这里的利润函数表为 $3x_1 + 5x_2 + 4x_3$;

约束条件:每天原料的需求量不超过可用量,

原料 P_1：$2x_1 + 3x_2 \leqslant 1500$

原料 P_2：$2x_2 + 4x_3 \leqslant 800$

原料 P_3：$3x_1 + 2x_2 + 5x_3 \leqslant 2000$

蕴含约束：产量为非负数 $x_1, x_2, x_3 \geqslant 0$

综上，所建立的线性规划模型为

$$\max s = 3x_1 + 5x_2 + 4x_3$$
$$\begin{cases} 2x_1 + 3x_2 \leqslant 1500 \\ 2x_2 + 4x_3 \leqslant 800 \\ 3x_1 + 2x_2 + 5x_3 \leqslant 2000 \\ x_1, x_2, x_3 \geqslant 0 \end{cases}.$$

例 3　（人力资源分配问题）某昼夜服务的公交路线，每天各时间段所需司机和乘务人员的人数如表 1-2.

表 1-2

班次	时间	所需人数	班次	时间	所需人数
1	$6:00-10:00$	60	4	$18:00-22:00$	50
2	$10:00-14:00$	70	5	$22:00-2:00$	20
3	$14:00-18:00$	60	6	$2:00-6:00$	30

设司机和乘务人员分别在各时间段开始时上班，并连续工作 8 个小时，问该公交线路怎样安排司乘务人员，既能满足工作需要，又使配备的司乘务人员人数最少？

解　设 x_i 表示第 i 班次开始上班的司乘务人员数. 于是可以知道在第 i 班工作的人数应包括第 $i-1$ 班次时开始上班的人数和第 i 班次开始上班的人数. 如表 1-2 为 $x_1 + x_2 \geqslant 70$. 按照要求，这六个班次开始上班时的所有人员最少，即要求 $x_1 + x_2 + x_3 + x_4 + x_5 + x_6$ 最小. 于是所建立的数学模型为

$$\min z = x_1 + x_2 + x_3 + x_4 + x_5 + x_6$$
$$\begin{cases} x_1 + x_6 \geqslant 60 \\ x_1 + x_2 \geqslant 70 \\ x_2 + x_3 \geqslant 60 \\ x_3 + x_4 \geqslant 50 \\ x_4 + x_5 \geqslant 20 \\ x_5 + x_6 \geqslant 30 \\ x_j \geqslant 0, j = 1, 2, \cdots, 6 \end{cases}$$

例 4　（配料问题）某工厂要用三种原料 1，2，3 混合调配出三种不同规格的产品

甲、乙、丙,产品的规格要求、单价、每天能够供应的原料数及原材料单价如表 1-3 和表 1-4.该厂如何安排生产,才能使利润最大?

表 1-3

产品名称	规格要求	单价/(元/公斤)
甲	原材料 1 不少于 50% 原材料 2 不超过 25%	50
乙	原材料 1 不少于 25% 原材料 2 不超过 50%	35
丙	不限	25

表 1-4

原材料名称	每天最多供应量/公斤	单价/(元/公斤)
1	100	65
2	100	25
3	60	35

解 设 x_{ij} 表示第 i 种(我们分别用 $i=1,2,3$ 表示产品甲、乙、丙)产品中原材料 j 的含量.例如,x_{23} 就表示产品乙中第 3 种原材料的含量.我们的目标是要使利润最大,利润的计算公式如下:

$$利润 = \sum_{i=1}^{3}(销售单价 \times 该产品的数量) - \sum_{j=1}^{3}(每种原料单价 \times 使用原料数量),$$

故得
$$\max s = 50(x_{11}+x_{12}+x_{13}) + 35(x_{21}+x_{22}+x_{23}) + 25(x_{31}+x_{32}+x_{33})$$
$$- 65(x_{11}+x_{21}+x_{31}) - 25(x_{12}+x_{22}+x_{32}) - 35(x_{13}+x_{23}+x_{33})$$
$$= -15x_{11}+25x_{12}+15x_{13}-30x_{21}+10x_{22}-40x_{31}-10x_{33}.$$

从表 1-3 可知

$$x_{11} \geqslant 0.5(x_{11}+x_{12}+x_{13})$$
$$x_{12} \leqslant 0.25(x_{11}+x_{12}+x_{13})$$
$$x_{21} \geqslant 0.25(x_{21}+x_{22}+x_{23}),$$
$$x_{22} \leqslant 0.5(x_{21}+x_{22}+x_{23})$$

而从表 1-4 可知:加入产品甲、乙、丙的原材料不能超过原材料的供应数量的限额,所以又有

$$x_{11}+x_{21}+x_{31} \leqslant 100$$
$$x_{12}+x_{22}+x_{32} \leqslant 100,$$
$$x_{13}+x_{23}+x_{33} \leqslant 60$$

整理即得该问题的数学模型:

$$\max s = -15x_{11} + 25x_{12} + 15x_{13} - 30x_{21} + 10x_{22} - 40x_{31} - 10x_{33}$$

$$\begin{cases} 0.5x_{11} - 0.5x_{12} - 0.5x_{13} \geqslant 0 \\ -0.25x_{11} + 0.75x_{12} - 0.25x_{13} \leqslant 0 \\ 0.75x_{21} - 0.25x_{22} - 0.25x_{23} \geqslant 0 \\ -0.5x_{21} + 0.5x_{22} - 0.5x_{23} \leqslant 0 \\ x_{11} + x_{21} + x_{31} \leqslant 100 \\ x_{12} + x_{22} + x_{32} \leqslant 100 \\ x_{13} + x_{23} + x_{33} \leqslant 60 \\ x_{ij} \geqslant 0, i = 1, 2, 3; j = 1, 2, 3 \end{cases}$$

例5 (投资问题)某部门现有资金 200 万元,计划五年内投资如下:

项目 A:从第一年到第五年每年年初均可投资,当年底能收回本利 110%.

项目 B:从第一年到第四年每年年初均可投资,次年底收回本利 125%,但规定每年投资额不能超过 30 万元.

项目 C:第三年初需要投资,到第五年底能收回本利 140%,但规定每年最大投资额不能超过 80 万元.

项目 D:第二年初需要投资,到第五年底能收回本利 155%,但规定最大投资额不能超过 100 万元.

针对上述情况,如何确定这些项目每年的投资额,才能使得第五年底拥有资金的本利金额最大?

解 这是一个连续投资问题.其步骤为:

(1)确定变量

设 x_{ij} 为第 i 年初投资于项目 j 的金额(单位:万元),根据给定条件,将变量列于表 1-5.

表 1-5

年份和项目	1	2	3	4	5
A	x_{1A}	x_{2A}	x_{3A}	x_{4A}	x_{5A}
B	x_{1B}	x_{2B}	x_{3B}	x_{4B}	
C			x_{3C}		
D		x_{2D}			

(2)约束条件

因为项目 A 每年都可以投资,并且当年底就能收回本息,所以该部门每年都应把自己的资金投出去,不应当持有呆滞资金.因此

第一年:该部门年初有资金 200 万元,故
$$x_{1A} + x_{1B} = 200;$$

第二年:因第一年给项目 B 的投资要到第二年底才能收回,所以该部门在第二年初拥有资金仅为该项目 A 在第一年投资额所收回的本息 $x_{1A} \times 110\%$,故
$$x_{2A} + x_{2B} + x_{2D} = 1.1x_{1A};$$

第三年:第三年初的资金额是从项目 A 第二年投资和项目 B 第一年投资所回收的本息总和 $1.1x_{2A} + 1.25x_{1B}$,故
$$x_{3A} + x_{3B} + x_{3C} = 1.1x_{2A} + 1.25x_{1B};$$

第四年:同以上分析,可得
$$x_{4A} + x_{4B} = 1.1x_{3A} + 1.25x_{2B};$$

第五年: $x_{5A} = 1.1x_{4A} + 1.25x_{3B}.$

另外,对项目 B,C,D 的投资限额分别为
$$x_{iB} \leqslant 30, i = 1,2,3,4$$
$$x_{3C} \leqslant 80$$
$$x_{2D} \leqslant 100.$$

(3)目标函数

此问题要求在第五年底该部门所拥有的资金额达到最大,即目标函数最大化:
$$\max z = 1.1x_{5A} + 1.25x_{4B} + 1.40x_{3C} + 1.55x_{2D},$$

这样可以得到如下的数学模型
$$\max z = 1.1x_{5A} + 1.25x_{4B} + 1.40x_{3C} + 1.55x_{2D}$$
$$\begin{cases} x_{1A} + x_{1B} = 200 \\ x_{2A} + x_{2B} + x_{2D} = 1.1x_{1A} \\ x_{3A} + x_{3B} + x_{3C} = 1.1x_{2A} + 1.25x_{1B} \\ x_{4A} + x_{4B} = 1.1x_{3A} + 1.25x_{2B} \\ x_{5A} = 1.1x_{4A} + 1.25x_{3B} \\ x_{iB} \leqslant 30, i = 1,2,3,4 \\ x_{3C} \leqslant 80 \\ x_{2D} \leqslant 100 \\ x_{ij} \geqslant 0 \end{cases}$$

例 6 (套裁下料问题)某工厂要做 100 套钢架,每套钢架需要长度分别为 2.9m, 2.1m 和 1.5m 的圆钢各一根.已知原料每根长 7.4m;问应如何下料,可使所用原料最省?

解 最简单的做法是:在每根原料上截取 2.9m、2.1m 和 1.5m 的圆钢各一根组成

一套钢架,每根原材料剩余料头 0.9m. 如此做 100 套钢架,需要原材料 100 根,共产生 90m 的料头——这当然是一个不小的浪费. 为了找到一个省料的套裁方案,必须先设计出较好的几个下料方案. 所谓较好,即首先要求每个方案下料后的料头较短;其次要求这些方案的总体能裁下所有规格的圆钢,并且不同方案有着不同的各种所需圆钢的比例. 这样的套裁才能满足对各种不同规格圆钢的需要并达到省料的目的. 为此我们设计出 5 种下料方案以供套裁用,如表 1-6.

表 1-6

长度 \\ 方案	Ⅰ	Ⅱ	Ⅲ	Ⅳ	Ⅴ
2.9	1	2	0	1	0
2.1	0	0	2	2	1
1.5	3	1	2	0	3
合计/m	7.4	7.3	7.2	7.1	6.6
料头/m	0	0.1	0.2	0.3	0.8

为了用最少的原材料得到 100 套钢架,需要混合使用表 1-6 中的几种下料方案,设按照方案 Ⅰ,Ⅱ,Ⅲ,Ⅳ,Ⅴ 下料的原材料根数分别为 x_1, x_2, x_3, x_4, x_5,则可列出下面的数学模型

$$\min z = x_1 + x_2 + x_3 + x_4 + x_5$$
$$\begin{cases} x_1 + 2x_2 + x_4 \geqslant 100 \\ 2x_3 + 2x_4 + x_5 \geqslant 100 \\ 3x_1 + x_2 + 2x_3 + 3x_5 \geqslant 100 \\ x_1, x_2, x_3, x_4, x_5 \geqslant 0 \end{cases}.$$

例 7 (运输模型)某公司从两个产地 A_1, A_2 将物品运往三个销地 B_1, B_2, B_3,各产地的产量、各销地的销量以及各产地运往销地的每件物品的运费如表 1-7.

表 1-7

运费 \\ 销地 \\ 产地	B_1	B_2	B_3	产量/件
A_1	6	4	6	200
A_2	6	5	5	300
销量/件	150	150	200	

应如何调运,能够使总运费最小?

解 由于 A_1，A_2 两个产地的总产量为 $200+300=500$（件）；B_1，B_2，B_3 三个销地的总销量为 $150+150+200=500$（件），总产量等于总销量，这是一个产销平衡的运输问题.把 A_1，A_2 的产量全部分配给 B_1，B_2，B_3，正好满足这三个销地的需要.

设 x_{ij} 表示从产地 A_i 调运到 B_j 的运输量（$i=1,2$；$j=1,2,3$），例如，x_{12} 表示从 A_1 调运到 B_2 的物品数量.现将安排的运输量列入表 1-8.

表 1-8

销地　　运费　　产地	B_1	B_2	B_3	产量/件
A_1	x_{11}	x_{12}	x_{13}	200
A_2	x_{21}	x_{22}	x_{23}	300
销量/件	150	150	200	

从表 1-8 可写出此问题的数学模型.

满足产地产量的约束条件为

$$x_{11}+x_{12}+x_{13}=200$$
$$x_{21}+x_{22}+x_{23}=300,$$

满足销地销量的约束条件为

$$x_{11}+x_{21}=150$$
$$x_{12}+x_{22}=150$$
$$x_{13}+x_{23}=200,$$

要使运输费最小,即

$$\min f=6x_{11}+4x_{12}+6x_{13}+6x_{21}+5x_{22}+5x_{23},$$

所以此运输问题的线性规划模型是

$$\min f=6x_{11}+4x_{12}+6x_{13}+6x_{21}+5x_{22}+5x_{23}$$

$$\begin{cases} x_{11}+x_{12}+x_{13}=200 \\ x_{21}+x_{22}+x_{23}=300 \\ x_{11}+x_{21}=150 \\ x_{12}+x_{22}=150 \\ x_{13}+x_{23}=200 \\ x_{ij} \geqslant 0, i=1,2; j=1,2,3 \end{cases}$$

例 8 （指派问题）某商业公司计划开办五家新商店 B_1,B_2,B_3,B_4,B_5. 为了尽早建成营业,商业公司通知了五个建筑公司 A_1,A_2,A_3,A_4,A_5,以便让每家新商店由一个建筑公司来承建.建筑公司 A_i 对新商店 B_j 建造费用的投标为 c_{ij},数据见表 1-9.商业公司应对五家建筑公司怎样分配建造任务,才能使总建造费用最少? 试建立此问题的数学模型.

表 1-9

	B_1	B_2	B_3	B_4	B_5
A_1	4	8	7	15	12
A_2	7	9	17	14	10
A_3	6	9	12	8	7
A_4	6	7	14	6	10
A_5	6	9	12	10	6

解 这是一个标准的任务指派问题,引入 $0-1$ 变量

$$x_{ij} = \begin{cases} 1, & \text{指派建筑公司 } A_i \text{ 承建新商店 } B_j, \\ 0, & \text{不指派建筑公司 } A_i \text{ 承建新商店 } B_j. \end{cases} \quad i,j = 1,2,3,4,5$$

则此问题的数学模型为

$$\min z = 4x_{11} + 8x_{12} + \cdots + 10x_{54} + 6x_{55}$$

$$\begin{cases} \sum_{i=1}^{5} x_{ij} = 1, & j = 1,2,\cdots,5 \\ \sum_{j=1}^{5} x_{ij} = 1, & i = 1,2,\cdots,5 \\ x_{ij} = 1 \text{ 或 } 0, & i,j = 1,2,\cdots,5 \end{cases} \cdot$$

2. 线性规划问题的数学模型

通过上述内容可以看出,线性规划模型的三个要素缺一不可.决策变量,目标函数,约束条件一起构成了完整的线性规划模型.我们总结如下:

线性规划问题的数学模型的一般形式

求一组变量 $x_j(j=1,2,\cdots,n)$ 的值,使其满足

$$\text{约束条件} \begin{cases} \sum_{j=1}^{n} a_{ij}x_j \leqslant b_i (\text{或} \geqslant b_i, \text{或} = b_i), i = 1,2,\cdots,m \\ x_j \geqslant 0, j = 1,2,\cdots,n \end{cases},$$

并使目标函数 $s = \sum_{j=1}^{n} c_j x_j$ 的值最大或者最小.

下面给出三个实例线性规划问题的一般模型.

例9 (生产计划问题)设用 $A_1, A_2, \cdots, A_m$ 种原料,可以生产 $B_1, B_2, \cdots, B_n$ 种产品.现有原料数、每单位产品所需原料数,及每单位产品可得利润数如表 1-10.

表 1-10

单位产品需求 原料 ＼ 产 品	B_1	B_2	$\cdots$	B_n	现有原料
A_1	c_{11}	c_{12}	$\cdots$	c_{1n}	a_1
A_2	c_{21}	c_{22}	$\cdots$	c_{2n}	a_2
$\vdots$	$\vdots$	$\vdots$	$\cdots$	$\vdots$	$\vdots$
A_m	c_{m1}	c_{m2}	$\cdots$	c_{mn}	a_m
单位产品可得利润	b_1	b_2	$\cdots$	b_n	

问如何组织生产计划才能使得利润最大?

解 设 x_j 为生产产品 $B_j(j = 1, 2, \cdots, n)$ 的计划数.这一个问题的数学模型为求一组变量 $x_j(j = 1, 2, \cdots, n)$ 的值,使它满足

$$\text{约束条件} \begin{cases} \sum_{j=1}^{m} c_{ij} x_j \leqslant a_i, i = 1, 2, \cdots, m \\ x_j \geqslant 0, j = 1, 2, \cdots, n \end{cases},$$

并且使目标函数 $s = \sum_{j=1}^{n} b_j x_j$ 的值最大.

例10 (套裁下料问题)设用某原材料(条材或板材)下零件 $A_1, A_2, \cdots, A_m$ 的毛坯.根据过去经验在一件原材料有 $B_1, B_2, \cdots, B_n$ 种不同的下料方式,每种下料方式可得毛坯个数及每种零件需要量如表 1-11.问如何安排下料方式,使得既能满足需要,用的原材料又最少.

表 1-11

各方式下的零件个数 零件名称 ＼ 下料方式	B_1	B_2	$\cdots$	B_n	零件需要量
A_1	c_{11}	c_{12}	$\cdots$	c_{1n}	a_1
A_2	c_{21}	c_{22}	$\cdots$	c_{2n}	a_2
$\vdots$	$\vdots$	$\vdots$	$\cdots$	$\vdots$	$\vdots$
A_m	c_{m1}	c_{m2}	$\cdots$	c_{mn}	a_m

解　设用 B_j 种方式下料的原材料数为 x_j，则这一问题的数学模型为
求一组变量 $x_j (j = 1, 2, \cdots, n)$ 的值，使它满足

$$
约束条件
\begin{cases}
\sum\limits_{j=1}^{m} c_{ij} x_j \geqslant a_i, i = 1, 2, \cdots, m \\
(所下的 A_i 零件总数不能少于 a_i) \\
x_j \geqslant 0, 且\ x_j\ 为整数, j = 1, 2, \cdots, n
\end{cases},
$$

并且使目标函数 $s = \sum\limits_{j=1}^{n} x_j$ 的值最小（使用原材料数最少）.

例 11　(指派问题) 拟分配 n 人去干 n 项工作, 每人干且仅干一项工作, 若分配第 i 人去干第 j 项工作, 需花费 c_{ij} 单位时间, 问应如何分配工作才能使工人花费的总时间最少？

容易看出, 要给出一个指派问题的实例, 只需给出矩阵 $C = (c_{ij})$, C 被称为指派问题的系数矩阵.

引入变量 x_{ij}, 若分配 i 干 j 工作, 则取 $x_{ij} = 1$, 否则取 $x_{ij} = 0$. 上述指派问题的数学模型为

$$
\min s = \sum_{i=1}^{n} \sum_{j=1}^{n} c_{ij} x_{ij}
$$

$$
\begin{cases}
\sum\limits_{j=1}^{n} x_{ij} = 1, & i = 1, 2, \cdots, n \\
\sum\limits_{i=1}^{n} x_{ij} = 1, & j = 1, 2, \cdots, n \\
x_{ij} = 0\ 或\ 1, & i, j = 1, 2, \cdots, n
\end{cases}.
$$

值得注意的是, 线性规划问题所隐含的假定:

比例性假定: 决策变量变化引起的目标函数改变量和决策变量改变量成比例. 同样, 每个决策变量的变化引起约束方程左端值的改变量和该变量的改变量成比例.

可加性假定: 每个决策变量对目标函数和约束方程的影响是独立于其他变量的, 目标函数值是每个决策变量对目标函数贡献的总和.

连续性假定: 线性规划问题中的决策变量应能够连续取值.

确定性假定: 线性规划问题中的所有参数都是确定的参数. 线性规划问题不包含随机因素.

【练习 1】

根据以下实际问题建立线性规划模型

1.某厂计划生产Ⅰ,Ⅱ两种产品,已知生产单位重量的产品所需的设备为A及B、C两种原料,生产设备和原料消耗表如表1-12

表 1-12

	Ⅰ	Ⅱ	总用量
设备 A	1	2	8
材料 B	6	0	24
材料 C	0	5	15

生产单位重量的产品Ⅰ可获利2万,生产单位重量的产品Ⅱ可获利5万.如何安排生产可使工厂获得的利润最多?

2.设有A_1,A_2两个香蕉基地,产量分别为60吨和80吨,联合供应B_1,B_2,B_3三个销地的销售量经预测分别为50吨、50吨和40吨.两个产地到三个销地的单位运价(单位:元/吨)如表1-13,问每个产地向每个销地各发货多少,才能使总的运费最少?

表 1-13

单位运价 产地 \ 销地	B_1	B_2	B_3
A_1	600	300	400
A_2	400	700	300

3.某制药厂在计划期内要安排生产Ⅰ,Ⅱ两种药品,这些药品分别需要在A,B,C,D四种不同的设备上加工.按工艺规定,每千克药品Ⅰ和Ⅱ在各台设备上所需要的加工台时数如表1-14.已知各设备在计划期内有效台时数(1台设备工作1小时称为1台时)分别是12、8、16和12.该制药厂每生产1千克药品Ⅰ可得利润200元,每生产1千克药品Ⅱ可得利润300元.问应如何安排生产计划,才能使制药厂利润最大?

表 1-14

药品	A	B	C	D
Ⅰ	2	1	4	0
Ⅱ	2	2	0	4

4.用3种原料B_1,B_2,B_3配制某种食品,要求该食品中蛋白质、脂肪、糖、维生素的含量不低于15、20、25、30单位.以上3种原料的单价及每单位原料所含各种成分的数量如表1-15所示.问应如何配制该食品,使所需成本最低?

表 1-15

营养成分	原料			食品中营养成分的最低需要量(单位)
	B_1	B_2	B_3	
蛋白质(单位/千克)	5	6	8	15
脂肪(单位/千克)	3	4	6	20
糖(单位/千克)	8	5	4	25
维生素(单位/千克)	10	12	8	30
原料单价(元/千克)	20	25	30	

5. 央视为改版后的《非常 6+1》栏目播放两套宣传片. 其中宣传片甲播映时间为 3 分 30 秒, 广告时间为 30 秒, 收视观众为 60 万, 宣传片乙播映时间为 1 分钟, 广告时间为 1 分钟, 收视观众为 20 万. 广告公司规定每周至少有 3.5 分钟广告, 而电视台每周只能为该栏目宣传片提供不多于 16 分钟的节目时间. 电视台每周应播映两套宣传片各多少次, 才能使得收视观众最多?

6. 某车间制造 A, B 两种产品. 已知制造 A 种产品 1 千克, 需要劳动力 3 个(工作日), 原料 9 千克, 电力 4 度; 制造 B 种产品 1 千克, 需要劳动力 10 个, 原料 4 千克, 电力 5 度. 在一个时期内, 该车间能够使用的劳动力最多有 300 个, 原料最多有 360 千克, 电力最多有 200 度. 又已知生产 1 千克 A, B 产品的产值分别为 700 元和 1200 元. 问该车间应如何安排 A, B 产品的生产, 才能在计划期内获得最大产值?

7. 设有 A_1, A_2 两个氮肥厂, 在一个生产周期内其产量分别为 23 吨和 27 吨. 这两个氮肥厂的产量供应 B_1, B_2, B_3 三个乡镇, 而 B_1, B_2, B_3 三个乡镇对氮肥的需要量分别为 17 吨、18 吨和 15 吨. A_1, A_2 两个氮肥厂到 B_1, B_2, B_3 三个乡镇的运价见表 1-16. 问应如何调运, 才能使总运费最省?

表 1-16

乡镇 运价(元/吨) 氮肥厂	B_1	B_2	B_3
A_1	50	60	70
A_2	60	110	160

8. 某厂生产过程中需要用长度分别为 3.1 米、2.5 米和 1.7 米的同种棒料毛坯分别为 200、100 和 300 根, 而现在只有一种长度为 9 米的原料, 问应如何下料才能使废料最少?

⊡→【案例1】

如何确定最优化生产计划

一、背景分析

HK公司是一家由上市公司"中储股份"控股的国家高新技术企业.现有资产3000多万元,员工200多人,其中大专以上学历超过70%,主要从事称重、计量、包装、自动控制等方面的产品开发和生产制造,是雄厚资金和高新技术的有机结合体.现有的主导产品是无线传输式电子吊钩秤.

20世纪80年代国内第一台替代进口产品的电子吊秤诞生于该公司的前身——某工厂,并且受国家技术监督局之托,起草了电子吊秤国家标准.公司拥有国内规模最大、检测及生产设备最完善的吊秤生产基地.中国衡器协会历年统计数字表明,ORS系列产品国内市场占有率一直高于50%,市场总量已达8000余台.公司立足国家专利产品ORS系列电容式电子吊秤,现已发展成为专业生产研究现代计量、测力、电子称重、自动化包装、自动化控制等机电一体化高科技产品的现代化高新技术企业.

根据公司组织机构的划分,由生产部负责对整个公司的产品生产进行规划.一般的流程为:每月的25日,生产部程经理根据下月销售预测和库存情况制订下月生产计划,属于典型的以销定产.但是最近公司引入了全面预算管理的制度,要求每个部门都要以实现公司利润最大化为工作目标,生产部作为公司的利润中心,实行预算管理势在必行.因此如何合理安排生产计划、实现利润最大化,就成了程经理面临的新问题.

公司现有三种主要产品:ORS吊秤、OCS吊秤和直显式吊秤,每台最终产品包括秤体和仪表各一台,秤体和仪表是分开入库的.吊秤仪表互相通用,其区别就在于秤体的不同.仪表生产全部由仪表车间完成,秤体的生产则分为零部件生产和装配两个步骤,分别由机加工车间和装配车间完成.限于机加工车间目前的生产能力不能满足全部套件生产,因此部分采用外包形式完成.由于自己生产套件的成本低于外包,公司也曾考虑要把外包零活收回,但这需要在厂房、设备上作出较大投资,所以一直没有实行.现行的原则是,要尽可能利用机加工车间的加工能力进行生产,不足者才考虑外包.

二、现状分析

今天已经到了24日,明天就要拿出下月的生产计划了.程经理面对摆在桌上的一些报表正在苦思冥想,要怎样制定出最优的生产计划,才能满足公司提出的利润最大化目标呢?按照以往的老办法显然不能满足要求.于是他想起了正在读MBA的经理助理小刘,便打电话求助.

小刘很快就过来了,他根据最近学的理论与方法,建议程经理构造一个线性规划模型,以求出最优解. 让我们看看他是怎么做的.

公司现有的数据如下：

1. 月初成品库库存

	ORS 吊秤（台）	OCS 吊秤（台）	直显式吊秤（台）	仪表（台）
月初库存量	11	20	12	48

2. 本月销售预测

	ORS 吊秤（台）	OCS 吊秤（台）	直显式吊秤（台）	仪表（台）
预测销售量	40	48	9	10

注意：① 每台吊秤配一台仪表；

② 仪表除配吊秤外也作配件零售.

3. 月末安全库存量

	ORS 吊秤（台）	OCS 吊秤（台）	直显式吊秤（台）	仪表（台）
安全库存量	10	12	10	40

4. 平均售价

	ORS 吊秤（台）	OCS 吊秤（台）	直显式吊秤（台）	仪表（台）
平均价格（元/台）	34800	24680	18980	1900

注意：吊秤售价含仪表.

5. 生产成本（元）

生产方式	ORS 吊秤（台）几家		OCS 吊秤（台）		直显式吊秤（台）		仪表（台）
	机加	外包	机加	外包	机加	外包	
材料成本（元）	19200	22080	14560	17472	12046	14060	1440
加工工时（h）	100		75		62		15
装配工时（h）	20		16		14		

6. 人工成本

各车间实行计件工资制度. 按照完成的工时数量提取工资,记入人工成本,工时单价定为 3.5 元/工时.

7. 各产品获利能力分析

综上所述,可知 HK 公司生产的各类吊秤从其规格和生产来源来看可分为六种:机加 ORS、机加 OCS、机加直显以及外包 ORS、外包 OCS、外包直显,其区别在于吊秤零部件来源不同而引起的成本不同.但在销售时却以同样的价格出售,这就造成了在核算利润时的复杂性.我们无法区别卖出的一台吊秤的零部件到底是由谁生产的,应该以哪种成本核算,也无法区分出库存的一批同规格吊秤成本有哪些不同.因此在这里我们引入了加权平均成本的概念以方便计算.

所谓加权平均成本,即以一个月为周期,生产入库的同一批吊秤按其零部件的来源不同作加权平均计算,核算出统一的成本入库.这个成本显然是按月度浮动的,但能更真实地反映获利情况.

通过以上数据,计算出各产品的总成本和获利能力.

	总成本(元)	价格(元)	获利能力(元)
机加 ORS	19620	34800	15180
机加 OCS	14878.5	24680	9801.5
机加直显	12312	18980	6668
外包 ORS	22150	34800	12650
外包 OCS	17528	24680	7152
外包直显	14109	18980	4871
仪表	1492.5	1900	407.5

8. 车间生产能力约束

	仪表车间	机加工车间	装配车间
工人数量	8	25	13
每月可完成工时数(h)	1600	5000	2600

注意:按每名工人每月可完成 200 个工时计算

9. 假设条件

生产计划的制定一般基于以下假设:

① 假定售价不变;

② 必须满足销售预测的需求;

③ 月末保证安全库存量;

④ 因设备、厂房所限需尽量发挥机加工生产能力 98% 以上;

⑤ 装配车间能力不足可随时得到补充(有充足的后备),因此其产量总可满足

销售；

⑥ 满足上述条件的同时实现利润最大化.

三、模型建立

设变量表：

变量名	描述内容	变量名	描述内容
x_1	机加 ORS 产量	x_6	外包直显产量
x_2	机加 OCS 产量	x_7	装配车间 ORS 产量
x_3	机加直显产量	x_8	装配车间 OCS 产量
x_4	外包 ORS 产量	x_9	装配车间直显秤产量
x_5	外包 OCS 产量	x_{10}	仪表产量

假设利润为 p，目标是使利润 p 最大. 根据以上资料，可建立线性规划模型，通过整理，建立的目标函数为

$$\text{Max } p = 2791062.5 - 20123.077 x_1 - 17854.2 x_2 - 15829.714 x_3$$
$$- 22717.949 x_4 - 21033.6 x_5 - 18140.143 x_6.$$

令

$$p' = 20123.077 x_1 + 17854.2 x_2 + 15829.714 x_3 + 22717.949 x_4$$
$$+ 21033.6 x_5 + 18140.143 x_6,$$

则 $p = 2791062.5 - p'$，原目标函数可转化为求 $\min p'$；

所有变量应满足以下约束：

①销售量及库存量约束

$$x_1 + x_4 \geqslant 39, x_2 + x_5 \geqslant 40, x_3 + x_6 \geqslant 7, x_7 \geqslant 39, x_8 \geqslant 40, x_9 \geqslant 7, x_{10} \geqslant 99;$$

②生产能力（工时量）约束

$$20x_7 + 16x_8 + 14x_9 \leqslant 2600,$$
$$100x_1 + 75x_2 + 62x_3 \leqslant 5000,$$
$$15x_{10} \leqslant 1600;$$

③机加车间工作饱满度约束

$$100x_1 + 75x_2 + 62x_3 \geqslant 4900;$$

④非负约束

$$x_1, x_2, \cdots, x_{10} \geqslant 0;$$

⑤数值取整

各自变量均应取整数值.

□▷【案例2】

一、问题提出

根据经营现状和目标,合理制定生产计划并有效组织生产,是一个企业提高效益的核心.对于化妆品企业,由于其原料品种多、生产工艺复杂,原材料和产成品存储费用较高,并具有一定的危险性,对其生产计划作出合理安排就显得尤为重要.

现要求对某化妆品厂的生产计划作出合理安排.

二、有关数据

1.生产概况

某化妆品厂现有职工120人,其中生产工人105人.该厂主要设备是2套提取生产线,每套生产线容量为800kg,至少需要10人看管.该厂每天24小时连续生产,节假日不停机.从原料投入到成品出线平均需要10小时,成品率约为60%,该厂只有4吨卡车1辆,可供原材料运输.

2.产品结构及有关资料

该厂目前的产品可分为5类,所用的原料15种,根据厂方提供的资料,整理得到下表.

	产品1(%)	产品2(%)	产品3(%)	产品4(%)	产品5(%)	原料价格(元/kg)
原料1	47.1	44.4	47.0	47.1	44.4	5.71
原料2	19.2	19.7	20.3	19.7	19.2	0.45
原料3	9.4	5.4	4.5	1.7	8.6	0.215
原料4	5.5	18.7	20.7	1.9	19.7	0.8
原料5	4.0	7.0	6.2	6.1	6.21	0.165
原料6		0.22	0.6	13.9		4.5
原料7	12.0	3.0				1.45
原料8					0.1	16.8
原料9	0.7	1.58	0.6			0.45
原料10				5.8		1.5
原料11				2.5		52.49
原料12				0.28		1.2
原料13					1.3	1.45
原料14	2.1			1.02	0.39	1.8
原料15			0.1			11.4
产品价格/(元/kg)	7.5	8.95	8.30	31.8	9.8	

3.供销情况

(1)根据现有运输条件,原料2从外地购入,每月只能购1车.

(2)根据前几个月的购销情况,产品1和产品3应占总产量的70%,产品2的产量最好不要超过总产量的5%,而产品1的产量不要低于产品3与产品4产量之和.

问题:

(1)制定该厂的月生产计划,使得该厂的总利润最高;

(2)找出阻碍该厂提高生产能力的瓶颈问题,并提出解决办法.

第二章 线性规划问题的标准形式

线性规划问题的目标函数可以是求最大值,也可以是求最小值;约束条件可以是等式,也可以是不等式(小于等于或大于等于).为了避免形式上的不确定性,我们对线性规划问题的标准形式作一些规定.

一、线性规划问题的标准形式

规定 目标函数是求 min 、约束为等式、决策变量非负,右端常数非负的线性规划模型为标准形式.

一般线性规划模型的标准形式为

$$\min s = c_1 x_1 + c_2 x_2 + \cdots + c_n x_n$$

$$\begin{cases} a_{11} x_1 + a_{12} x_2 + \cdots + a_{1n} x_n = b_1 \\ a_{21} x_1 + a_{22} x_2 + \cdots + a_{2n} x_n = b_2 \\ \cdots\cdots\cdots\cdots\cdots\cdots\cdots\cdots\cdots\cdots\cdots \\ a_{m1} x_1 + a_{m2} x_2 + \cdots + a_{mn} x_n = b_m \\ x_1, x_2, \cdots, x_n \geqslant 0 \end{cases},$$

其中, $b_i \geqslant 0$,($i = 1, 2, \cdots, m$).

线性规划问题的标准形式也可以简记为下面两种形式

(1)矩阵形式

$$\min s = cx$$

$$\begin{cases} Ax = b \\ x \geqslant 0 \end{cases}.$$

(2)向量形式

$$\min s = cx$$

$$\begin{cases} \displaystyle\sum_{j=1}^{n} x_j p_j = b \\ x \geqslant 0 \end{cases},$$

其中 $c = (c_1, c_2, \cdots, c_n)$，$A = \begin{pmatrix} a_{11} & a_{12} & \cdots & a_{1n} \\ a_{21} & a_{22} & \cdots & a_{2n} \\ \vdots & \vdots & & \vdots \\ a_{m1} & a_{m2} & \cdots & a_{mn} \end{pmatrix}$,

$$b = \begin{pmatrix} b_1 \\ b_2 \\ \vdots \\ b_m \end{pmatrix} \geqslant 0, x = \begin{pmatrix} x_1 \\ x_2 \\ \vdots \\ x_n \end{pmatrix}, p_j = \begin{pmatrix} a_{1j} \\ a_{2j} \\ \vdots \\ a_{mj} \end{pmatrix}.$$

二、化线性规划问题为标准形

常见的线性规划模型往往不是标准形. 为了解题方便, 尤其是应用数学软件进行求解的方便, 在求解线性规划问题之前, 我们需要将线性规划问题化为标准形.

（1）如果目标函数中是求最大值 $\max s = c_1 x_1 + c_2 x_2 + \cdots + c_n x_n$, 则令 $s' = -s$, 将目标函数变为

$$\min s' = -s = -c_1 x_1 - c_2 x_2 - \cdots - c_n x_n;$$

（2）如果约束条件为 $a_{11} x_1 + a_{12} x_2 + \cdots + a_{1n} x_n \leqslant b_1$, 则引入非负变量 x_{n+1}, 称为松弛变量, 把约束条件变为等式

$$a_{11} x_1 + a_{12} x_2 + \cdots + a_{1n} x_n + x_{n+1} = b_1;$$

（3）如果约束条件为 $a_{11} x_1 + a_{12} x_2 + \cdots + a_{1n} x_n \geqslant b_1$, 则引入非负变量 x_{n+1}, 称为松弛变量, 把约束条件变为等式

$$a_{11} x_1 + a_{12} x_2 + \cdots + a_{1n} x_n - x_{n+1} = b_1;$$

（4）如果右端常数项 $b \leqslant 0$, 则只需将等式或不等式两端同乘以 -1 即可.

（5）如果决策变量 x_j 无非负约束, 则引进两个非负变量 $x'_j, x''_j. x'_j, x''_j \geqslant 0$, 令 $x_j = x'_j - x''_j$, 代入约束条件和目标函数中, 使得新的决策变量 x'_j, x''_j 化为有非负约束.

（6）对 $x_j \leqslant 0$, 则可令 $x'_j = -x_j$.

例 1 将线性规划问题化为标准形

$$\max s = 50 x_1 + 30 x_2$$

$$\begin{cases} 4 x_1 + 3 x_2 \leqslant 120 \\ 2 x_1 + x_2 \leqslant 50 \\ x_1, x_2 \geqslant 0 \end{cases}.$$

解 首先目标函数由 max 化为 min, 有

$$\min s' = -s = -50 x_1 - 30 x_2,$$

引进松弛变量 $x_3, x_4 \geqslant 0$，约束条件化为

$$\begin{cases} 4x_1 + 3x_2 + x_3 = 120 \\ 2x_1 + x_2 + x_4 = 50 \\ x_1, x_2, x_3, x_4 \geqslant 0 \end{cases} .$$

思考 松弛变量在目标函数中的系数是什么？

容易看出，增加的松弛变量系数在矩阵表示中构成了一个单位阵. 一般情形，如果约束条件均为小于等于，

$$\begin{cases} Ax \leqslant b \\ x \geqslant 0 \end{cases},$$

则在约束条件中加上一个 $I_s x_s$，可以化为标准形式

$$\begin{cases} Ax + I_s x_s = b \\ x, x_s \geqslant 0 \end{cases}.$$

例 2 将约束条件化为标准形

$$\begin{cases} 4x_1 + 3x_2 \geqslant 120 \\ 2x_1 + x_2 \geqslant 50 \\ x_1, x_2 \geqslant 0 \end{cases} .$$

解 约束条件减去松弛变量 $x_3, x_4 \geqslant 0$，则化为

$$\begin{cases} 4x_1 + 3x_2 - x_3 = 120 \\ 2x_1 + x_2 - x_4 = 50 \\ x_1, x_2, x_3, x_4 \geqslant 0 \end{cases} .$$

一般情形，如果约束条件均为大于等于，

$$\begin{cases} Ax \geqslant b \\ x \geqslant 0 \end{cases},$$

则在约束条件中减去一个 $I_s x_s$，可以化为标准形式

$$\begin{cases} Ax - I_s x_s = b \\ x, x_s \geqslant 0 \end{cases}.$$

例 3 将约束条件化为标准形

$$\begin{cases} 4x_1 + 3x_2 \geqslant 120 \\ 2x_1 + x_2 = 50 \\ x_1 \geqslant 0, x_2 \leqslant 0 \end{cases} .$$

解 由于第一个不等式需要减去松弛变量 $x_3 \geqslant 0$，令 $x'_2 = -x_2$，把 $x_2 \leqslant 0$ 变为 $x'_2 \geqslant 0$，则约束条件化为标准形式

$$\begin{cases} 4x_1 - 3x'_2 - x_3 = 120 \\ 2x_1 - x'_2 = 50 \\ x_1 \geqslant 0, x'_2 \geqslant 0, x_3 \geqslant 0 \end{cases}.$$

例 4 将约束条件化为标准形

$$\begin{cases} 4x_1 + 3x_2 - x_3 = 120 \\ 2x_1 + x_2 = 50 \\ x_1 \geqslant 0, x_2 \text{ 无非负约束}, x_3 \geqslant 0 \end{cases}.$$

解 作变量替代,令 $x_2 = x'_2 - x''_2$,其中 $x'_2, x''_2 \geqslant 0$,则约束条件化为标准形式

$$\begin{cases} 4x_1 + 3(x'_2 - x''_2) - x_3 = 120 \\ 2x_1 + (x'_2 - x''_2) = 50 \\ x_1 \geqslant 0, x'_2 \geqslant 0, x''_2 \geqslant 0, x_3 \geqslant 0 \end{cases}.$$

例 5 将约束条件化为标准形

$$\begin{cases} 4x_1 + 3x_2 - x_3 = 120 \\ 2x_1 + x_2 = 50 \\ x_1 \geqslant 0, x_2 \geqslant 0, 2 \leqslant x_3 \leqslant 6 \end{cases}.$$

解 令 $x'_3 = x_3 - 2$,则 $x_3 = x'_3 + 2$,那么原约束可以化为

$$\begin{cases} 4x_1 + 3x_2 - x'_3 = 122 \\ 2x_1 + x_2 = 50 \\ x_1 \geqslant 0, x_2 \geqslant 0, 0 \leqslant x'_3 \leqslant 4 \end{cases},$$

把 $x'_3 \leqslant 4$ 独立写出来,成为一个约束条件,则有

$$\begin{cases} 4x_1 + 3x_2 - x'_3 = 122 \\ 2x_1 + x_2 = 50 \\ x'_3 \leqslant 4 \\ x_1 \geqslant 0, x_2 \geqslant 0, x'_3 \geqslant 0 \end{cases},$$

再对上述约束进一步标准化,加上松弛变量 $x_4 \geqslant 0$,则有

$$\begin{cases} 4x_1 + 3x_2 - x'_3 = 122 \\ 2x_1 + x_2 = 50 \\ x'_3 + x_4 = 4 \\ x_1 \geqslant 0, x_2 \geqslant 0, x'_3 \geqslant 0, x_4 \geqslant 0 \end{cases}.$$

【练习 2】

1.将下列线性规划问题化为标准形

(1) $\max s = -x_1 + x_2$

(2) $\max s = -2x_1 + 3x_2$

$$\begin{cases} 2x_1 - x_2 \geqslant -2 \\ x_1 - 2x_2 \leqslant 2 \\ x_1 + x_2 \leqslant 5 \\ x_1 \geqslant 0, x_2 \text{ 无非负约束} \end{cases} ;$$

$$\begin{cases} x_1 + x_2 \geqslant 5 \\ 3x_1 - x_2 \leqslant 2 \\ x_1 \geqslant 0, x_2 \text{ 无非负约束} \end{cases} ;$$

（3）$\min s = -x_1 + 2x_2 - x_3$

$$\begin{cases} x_1 + x_3 - x_4 \leqslant 1 \\ 2x_1 + x_2 - x_3 \geqslant -2 \\ 3x_1 + x_2 + x_3 - x_4 = 1 \\ x_1 \geqslant 0, x_2, x_3 \geqslant 0, x_4 \text{ 无非负约束} \end{cases} ;$$

（4）$\max s = 2x_1 + 3x_2$

$$\begin{cases} x_1 + 2x_2 \leqslant 8 \\ -x_1 + x_2 \geqslant 1 \\ x_1 \leqslant 2 \\ x_1 \geqslant 0, x_2 \text{ 无非负约束} \end{cases} .$$

第三章　线性规划问题的图解法

本章主要学习线性规划问题的凸集、极点,基矩阵、基变量、非基变量,基础解、可行解、基础可行解等概念,针对含有两个决策变量的线性规划问题,给出直观、简单的图解法.

第一节　线性规划问题解的定义及性质

一、线性规划问题的解

定义 1　设 K 是 n 维空间的一个点集,对任意两点 $x^{(1)}, x^{(2)} \in K$,当 $x = \alpha x^{(1)} + (1-\alpha) x^{(2)} \in K (0 \leqslant \alpha \leqslant 1)$ 时,则称 K 是凸集.

实际上,$x = \alpha x^{(1)} + (1-\alpha) x^{(2)}$ 就是以 $x^{(1)}, x^{(2)}$ 为端点的线段的方程,点 x 的位置由 α 的值所确定,当 $\alpha = 0$ 时,$x = x^{(2)}$,当 $\alpha = 1$ 时,$x = x^{(1)}$.

定义 2　设 $x, x^{(1)}, x^{(2)}, \cdots, x^{(K)}$ 是 $\mathbf{R}^n$ 中的点,若存在 $\lambda_1, \lambda_2, \cdots, \lambda_K$,其中 $\lambda_i \geqslant 0$ 且 $\sum\limits_{i=1}^{K} \lambda_i = 1$,使得 $x = \sum\limits_{i=1}^{K} \lambda_i x^{(i)}$ 成立,则称 x 为 $x^{(1)}, x^{(2)}, \cdots, x^{(K)}$ 的凸组合.

定义 3　设 K 是凸集,$x \in K$. 若 x 不能用 K 中两个不同的点 $x^{(1)}, x^{(2)}$ 的凸组合表示为 $x = \alpha x^{(1)} + (1-\alpha) x^{(2)} \in K (0 < \alpha < 1)$,则称 x 是 K 的一个极点或顶点.

这就是说,x 如果是凸集 K 的极点,则 x 不可能是 K 中某一线段的内点,只能是 K 中某一线段或射线的端点.

对于标准形式的线性规划问题

$$\min z = cx \tag{3.1}$$
$$Ax = b, \tag{3.2}$$
$$x \geqslant 0 \tag{3.3}$$

其中 $c = (c_1, c_2, \cdots, c_n)$,

$$x = \begin{bmatrix} x_1 \\ x_2 \\ \vdots \\ x_n \end{bmatrix}, A = \begin{bmatrix} a_{11} & a_{12} & \cdots & a_{1n} \\ a_{21} & a_{22} & \cdots & a_{2n} \\ \vdots & \vdots & & \vdots \\ a_{m1} & a_{m2} & \cdots & a_{mn} \end{bmatrix}, b = \begin{bmatrix} b_1 \\ b_2 \\ \vdots \\ b_m \end{bmatrix}.$$

式中的 A 是 $m \times n$ 矩阵,$m \leqslant n$,并且 $r(A) = m$,即设约束方程组 $Ax = b$ 中没有多余的方程. 显然 A 中至少有一个 $m \times m$ 阶子矩阵 B,使得 $r(B) = m$.

定义 4 设 A 中有 $m \times m$ 阶子矩阵 B,并且 $r(B) = m$,则称 B 是线性规划问题的一个基(或基矩阵). 当 $m = n$ 时,基矩阵唯一;当 $m < n$ 时,基矩阵就可能有多个,但基矩阵的数目不超过 C_n^m.

例 1 设线性规划问题

$$\min z = 4x_1 - 2x_2 - x_3$$

$$\begin{cases} 5x_1 + x_2 - x_3 + x_4 = 3 \\ -10x_1 + 6x_2 + 2x_3 + x_5 = 2, \\ x_j \geqslant 0, j = 1, 2, \cdots, 5 \end{cases}$$

求所有的基矩阵.

解 约束方程的系数矩阵为 2×5 阶矩阵

$$A = \begin{pmatrix} 5 & 1 & -1 & 1 & 0 \\ -10 & 6 & 2 & 0 & 1 \end{pmatrix},$$

容易看出 $r(A) = 2$,2 阶子矩阵有 $C_5^2 = 10$ 个. 但其中第 1 列与第 3 列构成的 2 阶矩阵 $B = \begin{pmatrix} 5 & -1 \\ -10 & 2 \end{pmatrix}$ 不是一个基(因为 $r(B) = 1$),所以基矩阵只有 9 个. 即

$$B_1 = \begin{pmatrix} 5 & 1 \\ -10 & 6 \end{pmatrix}, \qquad B_2 = \begin{pmatrix} 5 & 1 \\ -10 & 0 \end{pmatrix}, \qquad B_3 = \begin{pmatrix} 5 & 0 \\ -10 & 1 \end{pmatrix},$$

$$B_4 = \begin{pmatrix} 1 & -1 \\ 6 & 2 \end{pmatrix}, \qquad B_5 = \begin{pmatrix} 1 & 1 \\ 6 & 0 \end{pmatrix}, \qquad B_6 = \begin{pmatrix} 1 & 0 \\ 6 & 1 \end{pmatrix},$$

$$B_7 = \begin{pmatrix} -1 & 0 \\ 2 & 1 \end{pmatrix}, \qquad B_8 = \begin{pmatrix} -1 & 1 \\ 2 & 0 \end{pmatrix}, \qquad B_9 = \begin{pmatrix} 1 & 0 \\ 0 & 1 \end{pmatrix},$$

都是线性规划问题的基矩阵.

由线性代数知,基矩阵 B 必为非奇异矩阵,即 $|B| \neq 0$. 当矩阵 B 的行列式等于零(即 $|B| = 0$)时,B 就不是基.

定义 5 当确定某一矩阵为基矩阵时,则基矩阵对应的列向量称为基向量,其余列向量称为非基向量.

定义 6 基向量对应的变量称为基变量,非基向量对应的变量称为非基变量.

例 1 中 B_2 的基向量是 A 中的第 1 列和第 4 列,其余列向量是非基向量;x_1,x_4 是基变量,x_2,x_3,x_5 是非基变量.

注意　基变量、非基变量是针对某一确定的基而言,不同的基对应的基变量和非基变量也不同.

定义 7　满足线性规划问题所有约束条件(3.2),(3.3)的向量 $x = (x_1, x_2, \cdots, x_n)^T$ 称为可行解,所有可行解构成的集合称为可行域,记为 D,即

$$D = \{ x \mid Ax = b, x \geqslant 0 \}.$$

例如,$x = \left(0, 0, \dfrac{1}{2}, \dfrac{7}{2}, 1\right)^T$ 与 $x = (0, 0, 0, 3, 2)^T$ 都是例 1 的可行解.

定义 8　满足目标函数式(3.1)的可行解称为最优解,即使得目标函数达到最小(或最大)值的可行解就是最优解.

定义 9　对某确定的基 B,令非基变量的值等于零,利用(3.2)式解出基变量的值,则这组解称为基 B 的基础解.

定义 10　若基础解是可行解,则称为是基础可行解.

显然,只要基础解中的基变量的解满足式(3.3)的非负要求,那么这个基础解就是基础可行解.

例 1 中对 B_1 来说,x_1,x_2 是基变量,x_3,x_4,x_5 是非基变量,令 $x_3 = x_4 = x_5 = 0$,则约束条件变为

$$\begin{cases} 5x_1 + x_2 = 3 \\ -10x_1 + 6x_2 = 2 \end{cases}, \quad B_1 = \begin{pmatrix} 5 & 1 \\ -10 & 6 \end{pmatrix},$$

因 $|B_1| \neq 0$,由克莱姆法则,方程有唯一解 $x_1 = \dfrac{2}{5}$,$x_2 = 1$,此时基础解为

$$x^{(1)} = \left(\dfrac{2}{5}, 1, 0, 0, 0\right)^T.$$

对 B_2 来说,x_1,x_4 为基变量,令非变量 x_2,x_3,x_5 为零,则约束条件变为

$$\begin{cases} 5x_1 + x_4 = 3 \\ -10x_1 = 2 \end{cases}, \quad B_2 = \begin{pmatrix} 5 & 1 \\ -10 & 0 \end{pmatrix},$$

因 $|B_2| \neq 0$,由克莱姆法则,方程有唯一解,$x_1 = -\dfrac{1}{5}$,$x_4 = 4$,这时基础解为

$$x^{(2)} = \left(-\dfrac{1}{5}, 0, 0, 4, 0\right)^T.$$

由于基础解 $x^{(1)} \geqslant 0$,所以它是基础可行解,而在 $x^{(2)}$ 中由于 $x_1 = -\dfrac{1}{5} < 0$,因此不是可行解,也就不是基础可行解.

基础解不一定都是基础可行解.同理,可行解不一定是基础可行解.

比如例 1 中，$x = (0, 0, \frac{1}{2}, \frac{7}{2}, 1)^{\mathrm{T}}$ 满足约束条件，但不是任何基矩阵的基础解.

定义 11　最优解若是基础可行解，则称为基础最优解.

如例 1 中，满足约束条件的解 $x^{(3)} = (\frac{3}{5}, 0, 0, 0, 8)^{\mathrm{T}}$，是对应于基 $B_3 = \begin{pmatrix} 5 & 0 \\ -10 & 1 \end{pmatrix}$ 的基础解，且是最优解，因此它是基础最优解.

定义 12　基础可行解对应的基称为可行基.

定义 13　基础最优解对应的基称为最优基.

注意　当最优解唯一时，最优解亦是基础最优解；当最优解不唯一时，则最优解不一定是基础最优解.

例如图 3-1 中，当线段 $\overline{Q_1 Q_2}$ 上的点为最优解时，Q_1 点及 Q_2 点是基础最优解，线段 $\overline{Q_1 Q_2}$ 的内点是最优解而不是基础最优解.

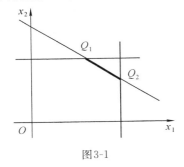

图3-1

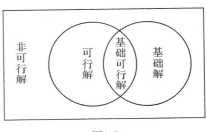

图3-2

基础可行解、基础解与可行解的关系如图 3-2.

由线性代数求解方程组的方法及上述概念可知，线性规划问题的解归纳为下面几种情况：

$$\begin{cases} \text{有可行解} \begin{cases} \text{有唯一最优解} \\ \text{有无穷最优解} \\ \text{无最优解} \end{cases} \\ \text{无可行解} \end{cases}$$

二、线性规划问题解的性质

定理 1　线性规划问题的可行域 $D = \{x \mid Ax = b, x \geqslant 0\}$ 是凸集.

证明　为了证明满足线性规划问题的约束条件 $Ax = b, x \geqslant 0$ 的所有点（可行解）组成的集合是凸集，只要证明 D 中任意两点连线上的点必然在 D 内即可.

设 $x^{(1)} \geqslant 0, x^{(2)} \geqslant 0$ 是 D 内的任意两点，且 $x^{(1)} \neq x^{(2)}$. 则有 $Ax^{(1)} = b, x^{(1)} \geqslant 0$，$Ax^{(2)} = b, x^{(2)} \geqslant 0$.

令 x 为 $x^{(1)}$，$x^{(2)}$ 线段上的任意一点，即 $x = \alpha x^{(1)} + (1-\alpha)x^{(2)}(0 \leqslant \alpha \leqslant 1)$，将它代入约束条件，得到

$$
\begin{aligned}
Ax &= A[\alpha x^{(1)} + (1-\alpha)x^{(2)}] \\
&= \alpha Ax^{(1)} + (1-\alpha)Ax^{(2)} \\
&= \alpha b + (1-\alpha)b = \alpha b + b - \alpha b = b,
\end{aligned}
$$

又因 $x^{(1)} \geqslant 0, x^{(2)} \geqslant 0, \alpha > 0, 1-\alpha > 0$，所以 $x \geqslant 0$. 由此可见 $x \in D$，所以 D 是凸集.

引理　线性规划问题的可行解 $x = (x_1, x_2, \cdots, x_n)^{\mathrm{T}}$ 为基础可行解的充要条件是：x 的正分量所对应的系数列向量是线性无关的.

证明　**必要性**　由基础可行解的定义可知.

充分性　若 x 的正分量所对应的系数向量 $P_1, P_2, \cdots, P_k$ 线性无关，则必有 $k \leqslant m$；当 $k = m$ 时，它们恰构成一个基，从而 $x = (x_1, x_2, \cdots, x_k, 0, \cdots, 0)^{\mathrm{T}}$ 为相应的基础可行解. 当 $k < m$ 时，则一定可以从其余的列向量中取出 $m-k$ 个与 $P_1, P_2, \cdots, P_k$ 构成极大的线性无关向量组，其对应的解恰为 x，所以根据定义它是基础可行解.

定理 2　线性规划问题的基础可行解 x 对应于可行域 D 的顶点.

证明　不失一般性，假设基础可行解 x 的前 m 个分量为正. 故

$$
Ax = (P_1, P_2, \cdots, P_m, P_{m+1}, \cdots, P_n)(x_1, x_2, \cdots, x_m, 0, \cdots, 0)^{\mathrm{T}} = b
$$

即

$$
\sum_{j=1}^{m} P_j x_j = b. \tag{3.4}
$$

现在分两步来讨论，分别用反证法.

(1) 若 x 不是基础可行解，则它一定不是可行域 D 的顶点.

根据引理 1，若 x 不是基础可行解，则其正分量所对应的系数列向量 $P_1, P_2, \cdots, P_m$ 线性相关，即存在一组不全为零的数 $k_i(i = 1, 2, \cdots, m)$ 使得

$$
k_1 P_1 + k_2 P_2 + \cdots + k_m P_m = 0 \tag{3.5}
$$

用一个 $\mu > 0$ 的数乘式(3.5)式，再分别与式(3.4)式相加和相减，得

$$
(x_1 + \mu k_1)P_1 + (x_2 + \mu k_2)P_2 + \cdots + (x_m + \mu k_m)P_m = 0
$$
$$
(x_1 - \mu k_1)P_1 + (x_2 - \mu k_2)P_2 + \cdots + (x_m - \mu k_m)P_m = b
$$

现取

$$
x^{(1)} = ((x_1 + \mu k_1), (x_2 + \mu k_2), \cdots, (x_m + \mu k_m), 0, \cdots, 0)^{\mathrm{T}}
$$
$$
x^{(2)} = ((x_1 - \mu k_1), (x_2 - \mu k_2), \cdots, (x_m - \mu k_m), 0, \cdots, 0)^{\mathrm{T}}
$$

则 $x = \dfrac{1}{2}x^{(1)} + \dfrac{1}{2}x^{(2)}$，即 x 是 $x^{(1)}$，$x^{(2)}$ 连线的中点.

另一方面，当 μ 充分小时，可保证 $x_i \pm \mu k_i \geqslant 0 \quad (i = 1, 2, \cdots, m)$，即 $x^{(1)}$，$x^{(2)}$ 是可行解. 这证明了 x 不是可行域 D 的顶点.

(2) 若 x 不是可行域 D 的顶点,则它一定不是基础可行解.

因为 x 不是可行域 D 的顶点,故在可行域 D 中可找到不同的两点

$$x^{(1)} = (x_1^{(1)}, x_2^{(1)}, \cdots, x_n^{(1)})^\mathrm{T}$$
$$x^{(2)} = (x_1^{(2)}, x_2^{(2)}, \cdots, x_n^{(2)})^\mathrm{T}$$

使 $x = \alpha x^{(1)} + (1-\alpha) x^{(2)} \ (0 < \alpha < 1)$.

设 x 是基础可行解,对应向量组 $P_1, P_2, \cdots, P_m$ 线性无关. 当 $j > m$ 时,在 $x^{(1)}$, $x^{(2)}, x$ 的分量中有 $x_j = x_j^{(1)} = x_j^{(2)} = 0$,由于 $x^{(1)}, x^{(2)}$ 是可行域的两点. 满足

$$\sum_{j=1}^{m} P_j x_j^{(1)} = b \quad 与 \quad \sum_{j=1}^{m} P_j x_j^{(2)} = b,$$

将这两式相减,即得

$$\sum_{j=1}^{m} P_j (x_j^{(1)} - x_j^{(2)}) = 0.$$

由于 $x^{(1)} \neq x^{(2)}$,所以上式系数不全为零,故向量组 $P_1, P_2, \cdots, P_m$ 线性相关,与假设矛盾. 即 x 不是基础可行解.

定理 3 线性规划问题的可行域 D 中的点 x 是顶点(极点)的充要条件是 x 是基础可行解(证明从略).

定理 4 若线性规划问题的可行域 $D \neq \varnothing$,则 D 至少有一顶点(极点),且极点的个数有限.

定理 5 若可行域有界,线性规划问题的目标函数一定可以在其可行域的顶点(极点)上达到最优. 即最优值可以在极点上达到.

证明 设 $x^{(1)}, x^{(2)}, \cdots, x^{(k)}$ 是可行域的顶点,若 $x^{(0)}$ 不是顶点,且目标函数在 $x^{(0)}$ 处达到最优 $z^* = cx^{(0)}$(标准形是 $\min z = cx$).

因 $x^{(0)}$ 不是顶点,所以它可以用 D 的顶点线性表示为

$$x^{(0)} = \sum_{i=1}^{k} \alpha_i x_i^{(i)}, \alpha_i > 0, \sum_{i=1}^{k} \alpha_i = 1$$

代入目标函数得

$$cx^{(0)} = c \sum_{i=1}^{k} \alpha_i x^{(i)} = \sum_{i=1}^{k} \alpha_i c x^{(i)}. \tag{3.6}$$

在所有的顶点中,必然能找到某一个顶点 $x^{(m)}$,使 $cx^{(m)}$ 是所有 $cx^{(i)} (i = 1, 2, \cdots, k)$ 中最小者. 并且将 $x^{(m)}$ 代替式(3.6)式中的所有 $cx^{(i)}$,这就得到

$$\sum_{i=1}^{k} \alpha_i cx^{(i)} \geqslant \sum_{i=1}^{k} \alpha_i c x^{(m)} = cx^{(m)},$$

由此得到 $cx^{(0)} \geqslant cx^{(m)}$,根据假设 $cx^{(0)}$ 是最小值,所以只能有 $cx^{(0)} = cx^{(m)}$,即目标函数在顶点 $x^{(m)}$ 处也达到最小值.

注意　有时目标函数可能在多个顶点处达到最优,这时在这些顶点的凸组合上也达到最优值.称这种线性规划问题有无限多个最优解.

假设 $\hat{x}^{(1)},\hat{x}^{(2)},\cdots,\hat{x}^{(k)}$ 是目标函数达到最大值的顶点,若 $\hat{x}$ 是这些顶点的凸组合,即

$$\hat{x}=\sum_{i=1}^{k}\alpha_i\hat{x}^{(i)},\alpha_i>0,\sum_{i=1}^{k}\alpha_i=1,$$

于是

$$c\hat{x}=c\sum_{i=1}^{k}\alpha_i\hat{x}^{(i)}=\sum_{i=1}^{k}\alpha_ic\hat{x}^{(i)},$$

设 $c\hat{x}^{(i)}=m,\quad i=1,2,\cdots,k$,于是 $c\hat{x}=\sum_{i=1}^{k}\alpha_im=m.$

这几个定理实际上给我们指出了线性规划问题求解的思路.由于线性规划问题的最优解一定能在可行解集的极点达到,而极点的数目是有限的.所以,总可以想办法在有限个极点中经过有限次寻找,得到最优解.因而,就有了求解线性规划问题的图解法和单纯形法.图解法中的顶点(极点)实际上对应于基础可行解.

定理 2 和定理 3 刻画了可行解集的极点与基础可行解的对应关系.极点是基础可行解,反之,基础可行解一定是极点.但它们并非一一对应,有可能两个或几个基础可行解对应于同一极点(退化基础可行解时).

定理 4 描述了最优解在可行解集中的位置.若最优解唯一,则最优解只能在某一极点上达到;若具有多个最优解,则最优解是某些极点的凸组合,从而最优解是可行解集的极点或界点,而不可能是可行解集的内点.

若线性规划的可行解集非空且有界,则一定有最优解;若可行解集无界,则线性规划可能有最优解,也可能没有最优解.

定理 3 及定理 4 还给了我们一个启示,寻求最优解无须在无限个可行解中去找,只要在有限个基础可行解中去寻求即可.

第二节　线性规划问题的图解法

图解法仅适用于含有两个决策变量的线性规划问题.在平面内建立直角坐标系,使每个决策变量的取值在一个数轴上表示出来,可行解就成为平面上的点,可行域就是平面上满足不等式组的公共区域,从而最优解必定是在这个平面区域内(包括边界上)的点.根据目标函数在这个平面区域内的取值找出使目标函数取得最优值的点(即最优解).

图解法便于我们理解线性规划问题的一些概念和解的特性,也为我们进一步学习

单纯形方法提供了一个直观图形,虽然只能用于解二维(两个变量)的问题,但其主要作用并不在于求解,而在于能够直观地说明线性规划问题解的一些重要性质.

例 1 求线性规划问题的最优解

$$\max s = 4x_1 + 3x_2$$

$$\begin{cases} 5x_1 + x_2 \leqslant 10 \\ x_1 + x_2 \leqslant 5 \\ x_1, x_2 \geqslant 0 \end{cases} .$$

解 第一步,求可行域.

可行域是所有满足约束条件的数组(x_1, x_2),四个不等式是四个半平面,而可行域就是这四个半平面的公共部分.其形状为一个凸多边形 $OABC$ 区域,可行解(x_1, x_2)是凸多边形内的一个点;而凸多边形$OABC$中点的全体是线性规划问题的全部可行解,称为可行解集.如图 3-3 中以 $OABC$ 为顶点的四边形.

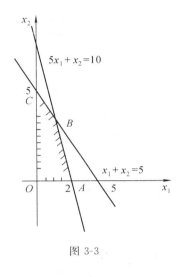

图 3-3

第二步,求最优解

在全体可行解中找最优解,就是使目标函数值达到最大的可行解.在几何上,目标函数 $s = 4x_1 + 3x_2$ 表示平面上的平行直线族,族中一条直线对应一个 s 值.凡在同一条直线上的点(x_1, x_2),如果又在可行解域上,那么这样的点就是具有相同的目标函数值的可行解,所以平行直线族中的每一条直线又称为等值线.我们画出几条等值线,使每条等值线都和可行解域(凸多边形)有交点,并且使等值线所对应的 s 值递增.如图 3-4.

观察可知,等值线离原点越远,s 值越大,而通过 B 点的等值线就是使目标函数值达到最大的等值线,这条等值线和凸多边形只相交于 B 点,因此 B 点为最优解.

解 由 $\begin{cases} 5x_1 + x_2 = 10 \\ x_1 + x_2 = 5 \end{cases}$,得 $x_1 = \dfrac{5}{4}, x_2 = \dfrac{15}{4}$,$B$ 点坐标为 $\left(\dfrac{5}{4}, \dfrac{15}{4}\right)$,则该问题的最

优解就是 $x = \begin{bmatrix} \dfrac{5}{4} \\ \dfrac{15}{4} \end{bmatrix}$,最优值为 $s = 4 \times \dfrac{5}{4} + 3 \times \dfrac{15}{4} = \dfrac{65}{4}$.

线性规划问题的解分为下面几类:有唯一最优解,无穷多最优解,无最优解,无可行解,分别举例说明.

1. 唯一最优解

例 2 用图解法求解线性规划问题

$$\max z = 2x_1 + 5x_2$$

$$\begin{cases} x_1 \leqslant 4 \\ x_2 \leqslant 3 \\ x_1 + 2x_2 \leqslant 8 \\ x_1 \geqslant 0, x_2 \geqslant 0 \end{cases}.$$

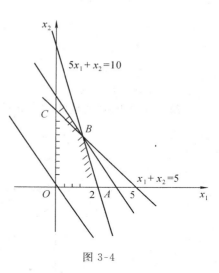

解 (1)根据满足的约束条件,做出可行域 $OABCD$. 如图 3-5.

(2)做出目标函数的等值线 $2x_1 + 5x_2 = z$,如图 3-5 可知随着 z 值的增加,直线离原点愈远.

(3)在一族平行等值线中,离原点最远且与可行域 $OABCD$ 相交的点是点 C.

(4)由 $\begin{cases} x_2 = 3 \\ x_1 + 2x_2 = 8 \end{cases}$ 知,在点 $C(2,3)$ 取得最优,

则最优解为 $\begin{cases} x_1 = 2 \\ x_2 = 3 \end{cases}$,最优值为 $z = 19$.

图 3-4

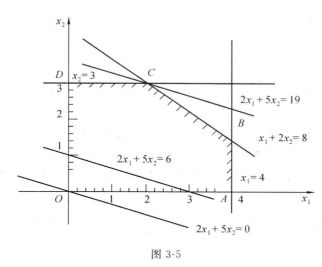

图 3-5

2. 无穷多个最优解

例 3 用图解法求解线性规划问题

$$\max z = x_1 + x_2$$

$$\begin{cases} 2x_1 + 5x_2 \leqslant 20 \\ 2x_1 + x_2 \leqslant 8 \\ x_1 + x_2 \leqslant 5 \\ x_1 \geqslant 0, x_2 \geqslant 0 \end{cases}.$$

解 （1）根据满足的约束条件，做出可行域 $OABCD$. 如图 3-6

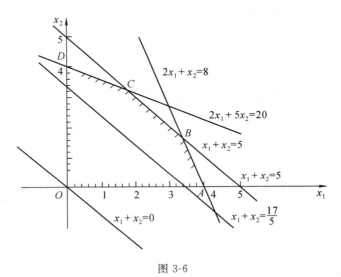

图 3-6

（2）做出目标函数的等值线 $\max z = x_1 + x_2$，如图 3-6 可知：随着 z 值的增加，直线离原点愈远.

（3）一族平行等值线与直线 $x_1 + x_2 = 5$ 平行，离原点最远且与可行域 $OABCD$ 相交的是直线 $x_1 + x_2 = 5$.

（4）由上述讨论知：在线段 BC 上取得最优；点 B, C 的坐标分别是 $B(3, 2)$ 和

$C\left(\dfrac{5}{3}, \dfrac{10}{3}\right)$，则最优解为 $x = \alpha \begin{pmatrix} 3 \\ 2 \end{pmatrix} + (1 - \alpha) \begin{pmatrix} \dfrac{5}{3} \\ \dfrac{10}{3} \end{pmatrix}$，$(0 \leqslant \alpha \leqslant 1)$，最优值为 $z = 5$.

3. 无最优解

例 4 用图解法求解线性规划问题

$$\min z = -2x_1 + x_2$$

$$\begin{cases} -x_1 + x_2 \leqslant 2 \\ x_1 - 4x_2 \leqslant 2 \\ x_1 \geqslant 0, x_2 \geqslant 0 \end{cases}.$$

解 (1)可行域无界,如图 3-7;

(2)做出目标函数的等值线 $-2x_1 + x_2 = z$;

(3)随着 z 值的减少,平行等值线族都与可行域相交,故此问题目标函数值无下界,即无最优解.

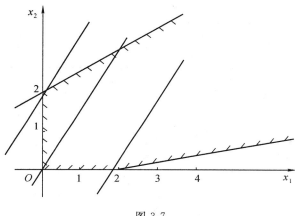

图 3-7

注 若目标函数改为求最大值 $\max z = -2x_1 + x_2$,则有最优解为 $x = \begin{pmatrix} 0 \\ 2 \end{pmatrix}$,最优值为 $z = 2$.

4. 可行域为空集

例 5 用图解法解下列线性规划

$$\min z = -2x_1 + x_2$$
$$\begin{cases} -x_1 + x_2 \geqslant 2 \\ x_1 + x_2 \leqslant -2 \\ x_1 \geqslant 0, x_2 \geqslant 0 \end{cases}.$$

解 由图 3-8 满足约束条件的可行域是空集,所以此线性规划问题无可行解,从而无最优解.

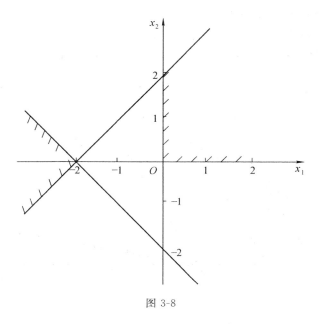

图 3-8

【练习 3】

1.试述线性规划问题的可行解、基础解、基础可行解、最优解、基础最优解的概念以及上述解之间的相互关系.

2.设线性规划问题

$$\max s = 2x_1 + x_2$$

$$\begin{cases} 3x_1 + 5x_2 \leqslant 15 \\ 6x_1 + 2x_2 \leqslant 24. \\ x_1, x_2 \geqslant 0 \end{cases}$$

求所有基矩阵.

3.求出下面线性规划问题的所有基础解,并指出那些是基础可行解.

(1) $\min s = -x_1 + 2x_2 + x_3 - x_4$

$$\begin{cases} -x_1 + x_2 + x_3 + x_4 = 2 \\ -x_3 + x_4 = 0 \\ x_2 + x_3 + x_4 = 3 \\ x_i \geqslant 0, i = 1,2,3,4 \end{cases};$$

(2) $\max s = 3x_1 - x_2$

$$\begin{cases} 3x_1 + 5x_2 + x_3 = 15 \\ 6x_1 + 2x_2 + x_4 = 24. \\ x_i \geqslant 0, i = 1,2,3,4 \end{cases}$$

4.判定下列集合是否凸集

(1) $R_1 = \{(x_1, x_2) \mid x_1^2 + 2x_2^2 \leqslant 2\}$;

(2) $R_2 = \{(x_1, x_2) \mid x_1^2 - 2x_2^2 + 3 \geqslant 0, x_2 \geqslant 0, |x_1| \leqslant 1\}$;

(3) $R_3 = \{(x_1, x_2) \mid x_1 x_2 \geqslant 1, x_1 \geqslant 1, x_2 \geqslant 0\}$.

5.(思考题)图解法主要步骤是什么？从中可以看出线性规划最优解有那些特点？

6.用图解法求下列线性规划问题的最优解

(1) $\min z = 4x_1 + 6x_2$

$$\begin{cases} x_1 + 2x_2 \geqslant 1 \\ 4x_1 + 3x_2 \geqslant 1.5 \\ -x_1 + 2x_2 \leqslant 4 \\ x_1, x_2 \geqslant 0 \end{cases};$$

(2) $\max z = 200x_1 + 300x_2$

$$\begin{cases} 2x_1 + 2x_2 \leqslant 12 \\ x_1 + 2x_2 \leqslant 8 \\ 4x_1 \leqslant 16 \\ 4x_2 \leqslant 12 \\ x_1, x_2 \geqslant 0 \end{cases};$$

(3) $\max z = 6x_1 + 9x_2$

$$\begin{cases} 2x_1 + 3x_2 \leqslant 22 \\ -2x_1 + x_2 \leqslant 4 \\ 4x_1 - 5x_2 \leqslant 0 \\ x_2 \leqslant 6 \\ x_1, x_2 \geqslant 0 \end{cases};$$

(4) $\max z = x_1 + 3x_2$

$$\begin{cases} 4x_1 + 3x_2 \geqslant 12 \\ -x_1 + x_2 \leqslant 1 \\ x_1, x_2 \geqslant 0 \end{cases}.$$

第四章　单纯形方法

　　前面介绍的图解法只能求解两个决策变量的线性规划问题,单纯形方法是求解两个以上决策变量的线性规划问题的重要方法.该方法把寻找最优解的目标集中在所有基础可行解(即可行域的顶点)中,其基本思路是从一个初始的基础可行解出发,寻找一条达到最优基础可行解的最佳途径.

　　本章以求解线性规划问题的最优解为目标,主要介绍单纯形方法的原理和步骤.主要有以下内容:

　　1.单纯形法的基础原理,基础可行解的判别;进基变量和出基变量的确定,线性规划问题最优解的判别方法.

　　2.引入人工变量建立辅助问题,以寻求初始基础可行解的方法;大 M 法和两阶段法求解不具有明显初始可行基的线性规划问题.

　　3.退化的基础可行解和退化的线性规划问题,基的循环和避免循环的规则.

　　4.改进的单纯形法及其意义、原理和步骤.

第一节　单纯形方法引例

　　单纯形计算方法是先求出一个初始基础可行解并判断它是否最优.否则,需要换基得到另一个基础可行解并进行判断,直到求出最优解或判断无最优解为止.它是一种逐步逼近最优解的迭代方法.

　　如果通过观察,由系数矩阵 A 可以得到一个可行基(通常是一个单位矩阵或 m 个线性无关的列向量组成的矩阵),则可以通过解线性方程组求得基础可行解.

　　例 1　用单纯形法求下列线性规划问题的最优解

$$\max z = 3x_1 + 4x_2$$

$$\begin{cases} 2x_1 + x_2 \leqslant 40 \\ x_1 + 3x_2 \leqslant 30. \\ x_1, x_2 \geqslant 0 \end{cases}$$

　　解　引入松弛变量 x_3, x_4,将原问题化为标准形

$$\min z' = -3x_1 - 4x_2$$

$$\begin{cases} 2x_1 + x_2 + x_3 = 40 \\ x_1 + 3x_2 + x_4 = 30, \\ x_1, x_2, x_3, x_4 \geqslant 0 \end{cases}$$

其系数矩阵 A 及初始基 B_1 分别为

$$A = \begin{pmatrix} 2 & 1 & 1 & 0 \\ 1 & 3 & 0 & 1 \end{pmatrix}, B_1 = \begin{pmatrix} 1 & 0 \\ 0 & 1 \end{pmatrix},$$

这里秩 $r(B_1) = 2$，B_1 是一个初始基；x_3, x_4 为基变量，x_1, x_2 为非基变量. 令 $x_1 = x_2 = 0$，由约束方程知 $x_3 = 40, x_4 = 30$，于是得到初始基础可行解

$$x^{(1)} = (0, 0, 40, 30)^{\mathrm{T}}.$$

以上所得基础可行解是否是最优解呢？从目标函数的系数可以看出：在目标函数 $z' = -3x_1 - 4x_2$ 中，x_1 的系数小于零. 如果 x_1 是大于零的数，则 z' 的值还会减少；同样，若 x_2 是大于零的数，也能使 z' 的值减少. 因此，只要目标函数中非基变量的系数小于零，该目标函数就不能达到最小值，亦即没有找到最优解. 这种判别线性规划问题是否达到最优解的数，称为检验数.

定义 1　目标函数用非基变量表达时，非基变量系数的相反数称为该非基变量的检验数. 记作 λ_j.

最优解判别准则　当所有检验数 $\lambda_j \leqslant 0 (j = 1, 2, \cdots, n)$ 时，基础可行解为最优解.

如果目标函数中含有基变量 x_i，利用约束条件将目标函数中的基变量用非基变量表示，然后求出检验数.

比如例 1 中，目标函数 $z' = -3x_1 - 4x_2$ 不含基变量，于是，非基变量 x_1, x_2 的检验数为 $\lambda_1 = -(-3) = 3, \lambda_2 = -(-4) = 4$ 均大于零，所以 $x^{(1)} = (0, 0, 40, 30)^{\mathrm{T}}$ 不是最优解. 因此需要将某个非基变量变换为基变量，即换基.

选择进基变量的原则是：一般优先选择检验数最大的非基变量为进基变量.

仍如例 1 中，由于检验数 $3 < 4$，故选择非基变量 x_2 优先进入基变量. 即 x_2 先进基. 但有进必有出，于是还要将基变量 x_3, x_4 中的一个换出来成为非基变量. 下面来确定换出变量.

当 $x_1 = 0$ 时（先固定的 x_1 是两个非基变量中的一个），有

$$x_3 = 40 - x_2 \geqslant 0, x_4 = 30 - 3x_2 \geqslant 0,$$

要保证 x_3, x_4 非负，且有一个为 0，只有选择 $x_2 \leqslant 10$，（此时 $x_3 \geqslant 30 > 0$，$x_4 \geqslant 0$）. 当 $x_2 = 10$ 时，原来的基变量 $x_3 = 30$，$x_4 = 0$，从而可以换出 x_4 成为非基变量. 因此，取 x_4 为出基变量（此即所谓的最小比值规则，即换出基变量的原则，下一节将详细介绍）. 得到新的基变量为 $x_2 = 10$，$x_3 = 30$，新的非基变量为 $x_1 = 0$，$x_4 = 0$. 由此得到新的基

础可行解为

$$x^{(2)} = (0, 10, 30, 0)^{\mathrm{T}}.$$

用新的非基变量表示基变量 $x_2 = 10 - \frac{1}{3}x_1 - \frac{1}{3}x_4, x_3 = 30 - \frac{5}{3}x_1 + \frac{1}{3}x_4$,代入目标函数,将目标函数用非基变量表示,得

$$z' = -40 - \frac{5}{3}x_1 + \frac{4}{3}x_4.$$

从目标函数中的系数可以看出,非基变量 x_1 的系数小于零(x_1 的检验数 $\lambda_1 = \frac{5}{3}$ > 0),基础可行解 $x^{(2)} = (0, 10, 30, 0)^{\mathrm{T}}$ 仍然不是最优解,需要继续换基,寻找新的基础可行解.

按照上述选择进基变量的原则,取 x_1 为进基,再选择出基变量.

同样先固定两个非基变量中的一个,当 $x_4 = 0$ 时,有

$$x_2 = 10 - \frac{1}{3}x_1 \geqslant 0, x_3 = 30 - \frac{5}{3}x_1 \geqslant 0,$$

此时要让 x_2, x_3 同时非负,且有一个为 0,只有选择 $x_1 \leqslant 18$,(此时 $x_2 \geqslant 4 > 0$, $x_3 \geqslant 0$). 当 $x_1 = 18$ 时,原来的基变量 x_3 取值为 0,从而可以换出来成为非基变量. 现在取 x_3 为出基变量. 又得到新的基变量为 $x_1 = 18, x_2 = 4$,新的非基变量为 $x_3 = 0$, $x_4 = 0$. 得到另一新的基础可行解为:$x^{(3)} = (18, 4, 0, 0)^{\mathrm{T}}$.

再用新的非基变量表示基变量 $x_1 = 18 - \frac{3}{5}x_3 + \frac{1}{5}x_4, x_2 = 4 + \frac{1}{5}x_3 - \frac{2}{5}x_4$,代入目标函数,把目标函数用非基变量表示为

$$z' = -70 + x_3 + x_4.$$

从目标函数中的系数可以看出,非基变量 x_3, x_4 的系数均大于零,且检验数 $\lambda_3 = \lambda_4 = -1 < 0$,此时的基础可行解 $x^{(3)} = (18, 4, 0, 0)^{\mathrm{T}}$ 已为最优解,于是迭代过程终止.目标函数的最优值 $z_{\max} = -z'_{\min} = 70$,最优解是 $x^* = (18, 4, 0, 0)^{\mathrm{T}}$,即原问题的最优解为

$$x^* = \begin{pmatrix} 18 \\ 4 \end{pmatrix}.$$

以上求解线性规划的迭代方法,即所谓的单纯形法.它是从一个基础可行解(极点)迭代到另外一个基础可行解(极点),使得相应的目标函数值一次比一次更优,经过几次迭代而达到最优解.把此种求解线性规划问题的迭代法,用表格的形式展示出来,就是所谓的表格单纯形法.表格单纯形法简洁、直观、清楚,且书写方便,我们将在下节予以介绍.表格单纯形法以后就简称单纯形法.

第二节　单纯形方法

一、单纯形法的一般原理

考虑下面线性规划问题

$$\min z = cx$$
$$\begin{cases} Ax = b \\ x \geqslant 0 \end{cases} \tag{4.1}$$

其中 A 是一个 $m \times n$ 矩阵,且秩为 m,b 总可以被调整为一个 m 维非负列向量,c 为 n 维行向量,x 为 n 维列向量.

根据线性规划的基础定理,如果可行域 $D = \{x \in \mathbf{R}^n \mid Ax = b, x \geqslant 0\}$ 非空有界,则 D 上的最优目标函数值 $z = cx$ 一定可以在 D 的一个顶点处达到.

从这个重要定理引出了单纯形法,即将寻优的目标集中在 D 的几个顶点(基础可行解)上.其基本思路是从一个初始的基础可行解出发,寻找一条达到最优基础可行解的最佳途径.单纯形法的一般步骤如下:

(1)寻找一个初始的基础可行解;

(2)检查现行的基础可行解是否最优.如果为最优,则已找到最优解,求解结束;否则转下一步;

(3)迭代寻找使目标函数值变优的另一个基础可行解,然后转回到步骤(2).

1. 确定初始的基础可行解

确定初始的基础可行解等价于确定初始的可行基.一旦确定了初始的可行基,则对应的初始基础可行解也就唯一确定.

为方便讨论,不妨假设在标准形线性规划(4.1)中,系数矩阵 A 中前 m 个系数列向量恰好构成一个可行基.即

$$A = (B, N),$$

其中 $B = (P_1, P_2, \cdots, P_m)$ 为基变量 $x_1, x_2, \cdots, x_m$ 的系数列向量所构成的可行基,而 $N = (P_{m+1}, P_{m+2}, \cdots, P_n)$ 为非基变量 $x_{m+1}, x_{m+2}, \cdots, x_n$ 的系数列向量所构成的矩阵.所以约束方程 $Ax = b$ 就可以表示为

$$Ax = (B, N) \begin{bmatrix} x_B \\ x_N \end{bmatrix} = Bx_B + Nx_N = b.$$

用可行基 B 的逆阵 B^{-1} 左乘上式两端,再通过移项把基变量用非基变量表示为

$$x_B = B^{-1}b - B^{-1}Nx_N,$$

若令所有非基变量 $x_N = 0$，则基变量 $x_B = B^{-1}b$，可得初始的基础可行解

$$x = \begin{pmatrix} B^{-1}b \\ 0 \end{pmatrix}.$$

现在的问题是：

要判断 m 个系数列向量是否恰好构成一个基，就需要判断系数矩阵 A 中 m 个系数列向量是否线性无关．但一般而言，这并非易事；即使系数矩阵 A 中找到了一个基 B，也不能保证该基恰好是可行基——因为不能保证基变量 $x_B = B^{-1}b \geqslant 0$．

为了求得基础可行解 $x = \begin{pmatrix} B^{-1}b \\ 0 \end{pmatrix}$，必须求基 B 的逆阵 B^{-1}；但是求逆阵 B^{-1} 也是一件比较麻烦的事情．

基于上述原因，在线性规划标准化的过程中，我们首先设法去得到一个 m 阶单位矩阵 E 作为初始可行基 B．为此可在线性规划标准化过程中作如下处理：

（1）若在化标准形式前，m 个约束方程都是"$\leqslant$"的形式，那么在化标准形时只需在每一个约束不等式左端都加上一个松弛变量 x_{n+i}，$i = 1, 2, \cdots, m$．

（2）若在化标准形式前，约束方程中有"$\geqslant$"不等式，那么在化标准形时，除了在方程式左端减去松弛变量使不等式变成等式之外，还必须在左端再加上一个非负新变量，称为人工变量．

（3）若在化标准形式前，约束方程中有等式方程，那么可以直接在等式左端添加人工变量．

2. 判断基础可行解是否最优

假如已求得一个基础可行解 $x = \begin{pmatrix} B^{-1}b \\ 0 \end{pmatrix}$，将这一基础可行解代入目标函数，可求得相应的目标函数值

$$z = cx = (c_B, c_N) \begin{pmatrix} B^{-1}b \\ 0 \end{pmatrix} = c_B B^{-1} b,$$

其中 $c_B = (c_1, c_2, \cdots, c_m)$，$c_N = (c_{m+1}, c_{m+2}, \cdots, c_n)$ 分别表示基变量和非基变量所对应的系数子向量．

要判定 $z = c_B B^{-1} b$ 是否已经达到最小值，只需将 $x_B = B^{-1}b - B^{-1}Nx_N$ 代入目标函数，使目标函数用非基变量表示，即

$$z = cx = (c_B, c_N) \begin{bmatrix} x_B \\ x_N \end{bmatrix} = c_B x_B + c_N x_N$$

$$= c_B(B^{-1}b - B^{-1}Nx_N) + c_N x_N = c_B B^{-1} b - (c_B B^{-1} N - c_N)x_N.$$

令 $c_B B^{-1} N - c_N = (\lambda_{m+1}, \lambda_{m+1}, \cdots, \lambda_n) = \lambda_N$，于是

$$z = c_B B^{-1} b - \lambda_N x_N = c_B B^{-1} b - (\lambda_{m+1}, \lambda_{m+1}, \cdots, \lambda_n) \begin{pmatrix} x_{m+1} \\ x_{m+2} \\ \vdots \\ x_n \end{pmatrix},$$

其中 λ_N 称为非基变量 x_N 的检验向量,它的各个分量称为检验数. 若 λ_N 的每一个检验数均小于等于 0,即 $\lambda_N \leqslant 0$,那么这时的基础可行解就是最优解.

定理 1 (最优解判别定理)对于线性规划问题
$$\min z = cx, \quad D = \{x \in \mathbf{R}^n \mid Ax = b, x \geqslant 0\},$$
若某个基础可行解所对应的检验向量 $\lambda_N = c_B B^{-1} N - c_N \leqslant 0$,即每个非基变量 x_{m+i} $(i = 1, 2, \cdots, n-m)$ 的检验数 $\lambda_{m+i} \leqslant 0 (i = 1, 2, \cdots, n-m)$,则该基础可行解就是最优解.

定理 2 (无穷多最优解判别定理)若 $x = \begin{pmatrix} B^{-1} b \\ 0 \end{pmatrix}$ 是一个基础可行解,所对应的检验向量 $\lambda_N = c_B B^{-1} N - c_N \leqslant 0$,其中至少存在一个检验数 $\lambda_{m+k} = 0$,则线性规划问题有无穷多最优解.

3. 基础可行解的改进

如果现行的基础可行解 x 不是最优,即在检验向量 $\lambda_N = c_B B^{-1} N - c_N$ 中有正的检验数,则需在原基础可行解 x 的基础上寻找一个新的基础可行解,并使目标函数值有所改善. 具体做法是

①先从检验数为正的非基变量中确定一个换入变量,使它从非基变量变成基变量(将它的值从零增至某个正值),

②再从原来的基变量中确定一个换出变量,使它从基变量变成非基变量(将它的值从某个正值减至零).

由此可得一个新的基础可行解. 由 $z = c_B B^{-1} b - (\lambda_{m+1}, \lambda_{m+2}, \cdots, \lambda_n) \begin{pmatrix} x_{m+1} \\ x_{m+2} \\ \vdots \\ x_n \end{pmatrix}$ 可知,这样的变换一定能使目标函数值有所减少.

换入变量和换出变量的确定规则是

(1)换入变量的确定

假设检验向量 $\lambda_N = c_B B^{-1} N - c_N = (\lambda_{m+1}, \lambda_{m+2}, \cdots, \lambda_n)$,只要有检验数 $\lambda_j > 0$,对应的变量 x_j 就可作为换入基变量;若其中有一个以上的检验数为正,那么为了使目标函数值减少得快些,通常选取检验数最大的所对应的非基变量或检验数为正值的非基变量中选最左边的一个为换入变量,即若

$$\max\{\lambda_j \mid \lambda_j > 0, m+1 \leqslant j \leqslant n\} = \lambda_{m+k},$$

则选取对应的 $\lambda_{m+k} > 0$ 的非基变量 x_{m+k} 为换入变量. 由于 $\lambda_{m+k} > 0$ 且最大, 因此当 x_{m+k} 由零增至正值, 通常可使目标函数值实现最大限度地减少.

(2)换出变量的确定(最小比值原则)

如果确定 x_{m+k} 为换入变量, 由方程

$$x_B = B^{-1}b - B^{-1}Nx_N, \text{得} \ x_B = B^{-1}b - B^{-1}P_{m+k}x_{m+k},$$

其中 P_{m+k} 为 A 中与 x_{m+k} 对应的系数列向量.

现在需要在 $x_B = (x_1, x_2, \cdots x_m)^T$ 中确定一个基变量为换出变量.

当 x_{m+k} 由零增加到某个正值时, $x_B = B^{-1}b - B^{-1}P_{m+k}x_{m+k}$ 的非负性可能被打破. 为保持解的可行性, 可以按最小比值原则确定换出变量.

$$\text{若} \min\left\{ \frac{(B^{-1}b)_i}{(B^{-1}P_{m+k})_i} = \frac{b'_i}{a'_{im+k}} \ \middle| \ (B^{-1}P_{m+k})_i = a'_{im+k} > 0, 1 \leqslant i \leqslant m \right\}$$

$$= \frac{(B^{-1}b)_l}{(B^{-1}P_{m+k})_l} = \frac{b'_l}{a'_{lm+k}},$$

则选取对应的基变量 x_l 为换出变量. 元素 a'_{im+k} 决定了从一个基础可行解到相邻基础可行解的转移去向, 取名为主元素(或轴心项).

定理 3 (无最优解判别定理)若 $x = \begin{pmatrix} B^{-1}b \\ 0 \end{pmatrix}$ 是一个基础可行解, 且有一个检验数 $\lambda_{m+k} > 0$, 但 $B^{-1}P_{m+k} \leqslant 0$, 则该线性规划问题无最优解.

证 令 $x_{m+k} = \mu, (\mu > 0)$, 其他非基变量值取零, 则得新的可行解

$$x_B = B^{-1}b - B^{-1}P_{m+k}x_{m+k} = B^{-1}b - B^{-1}P_{m+k}\mu,$$

由于目标函数 $\quad z = c_B B^{-1}b - (\lambda_{m+1}, \cdots, \lambda_{m+k}, \cdots, \lambda_n) \begin{pmatrix} x_{m+1} \\ \vdots \\ \mu \\ \vdots \\ x_n \end{pmatrix} = c_B B^{-1}b - \lambda_{m+k}\mu$

中 $\lambda_{m+k} > 0$, 故当 $\mu \to +\infty$ 时, $z \to -\infty$. 即此时线性规划问题无有界最优解.

4. 用初等变换求改进了的基础可行解

假设 B 是线性规划 $\min z = cx, Ax = b, x \geqslant 0$ 的可行基, 则

由 $Ax = b \Rightarrow (B, N) \begin{pmatrix} x_B \\ x_N \end{pmatrix} = b$, 可得 $(E, B^{-1}N) \begin{pmatrix} x_B \\ x_N \end{pmatrix} = B^{-1}b.$

令非基变量 $x_N = 0$, 则基变量 $x_B = B^{-1}b$, 可得基础可行解 $x = \begin{pmatrix} B^{-1}b \\ 0 \end{pmatrix}$.

用逆阵 B^{-1} 左乘约束方程组的两端, 等价于对方程组施以一系列的初等"行变换". 变

换的结果是将系数矩阵 A 中的可行基 B 变换成单位矩阵 E,把非基变量系数列向量构成的矩阵 N 变换成 $B^{-1}N$,把向量 b 变换成 $B^{-1}b$.

由于初等行变换后的方程组 $(E,B^{-1}N)\begin{bmatrix} x_B \\ x_N \end{bmatrix}=B^{-1}b$ 与原约束方程组 $Ax=b$,或 $(B,N)\begin{bmatrix} x_B \\ x_N \end{bmatrix}=b$ 同解,且改进了的基础可行解 x' 只是在原基础可行解 x 中的新基变量用一个换入变量替代其中一个换出变量的结果,其他的基变量保持不变. 这些基变量的系数列向量是单位矩阵 E 中的单位列向量. 为了求得改进的基础可行解 x',只需对增广矩阵 $(E,B^{-1}N,B^{-1}b)$ 施行初等行变换,将换入变量的系数列向量变换成换出变量所对应的单位列向量即可.

例 1 求解线性规划问题

$$\max z = 5x_1 + 2x_2 + 3x_3 - x_4 + x_5$$

$$\begin{cases} x_1 + 2x_2 + 2x_3 + x_4 = 8 \\ 3x_1 + 4x_2 + x_3 + x_5 = 7. \\ x_1, x_2, x_3, x_4, x_5 \geqslant 0 \end{cases}$$

解 将线性规划问题化为标准形

$$\min z' = -5x_1 - 2x_2 - 3x_3 + x_4 - x_5$$

$$\begin{cases} x_1 + 2x_2 + 2x_3 + x_4 = 8 \\ 3x_1 + 4x_2 + x_3 + x_5 = 7, \\ x_1, x_2, x_3, x_4, x_5 \geqslant 0 \end{cases}$$

其中 $c = (-5, -2, -3, 1, -1)$,$A = \begin{pmatrix} 1 & 2 & 2 & 1 & 0 \\ 3 & 4 & 1 & 0 & 1 \end{pmatrix}$,$b = \begin{pmatrix} 8 \\ 7 \end{pmatrix}$.

(1)确定初始的基础可行解

系数矩阵 A 中,现成的单位矩阵 $B_1 = (P_4, P_5) = \begin{pmatrix} 1 & 0 \\ 0 & 1 \end{pmatrix}$ 是一个基础可行基,基变量是 x_4, x_5,非基变量是 x_1, x_2, x_3.

$$x_{B_1} = \begin{pmatrix} x_4 \\ x_5 \end{pmatrix}, \quad x_{N_1} = \begin{pmatrix} x_1 \\ x_2 \\ x_3 \end{pmatrix}, \quad B_1 = \begin{pmatrix} 1 & 0 \\ 0 & 1 \end{pmatrix}, \quad N_1 = \begin{pmatrix} 1 & 2 & 2 \\ 3 & 4 & 1 \end{pmatrix},$$

$$c_{B_1} = (1, -1), \quad c_{N_1} = (-5, -2, -3), \quad b_1 = \begin{pmatrix} 8 \\ 7 \end{pmatrix}.$$

令 $x_{N_1} = 0$,得 $x_{B_1} = B_1^{-1}b_1 = \begin{pmatrix} 8 \\ 7 \end{pmatrix}$,则 $x = (0,0,0,8,7)^{\mathrm{T}}$ 是基础可行解.

此时 $z' = c_{B_1} B_1^{-1} b_1 = (1, -1) \begin{pmatrix} 8 \\ 7 \end{pmatrix} = \cdot 1.$

(2) 检验 $x = (0, 0, 0, 8, 7)^T$ 是否最优. 由于检验向量

$$\lambda_{N_1} = c_{B_1} B_1^{-1} N_1 - c_{N_1} = (1, -1) \begin{pmatrix} 1 & 2 & 2 \\ 3 & 4 & 1 \end{pmatrix} - (-5, -2, -3)$$

$$= (-2, -2, 1) - (-5, -2, -3) = (\underset{\underset{\lambda_1}{\uparrow}}{3}, \quad \underset{\underset{\lambda_2}{\uparrow}}{0}, \quad \underset{\underset{\lambda_3}{\uparrow}}{4})$$

中, 检验数 $\lambda_1 = 3, \lambda_3 = 4$ 均大于零, 所以 $x = (0, 0, 0, 8, 7)^T$ 不是最优解.

(3) 基础可行解 $x = (0, 0, 0, 8, 7)^T$ 的改进

① 选取换入变量

由于对应于 x_3 的检验数是 $\max\{3, 4\} = 4$, 故取 x_3 为换入变量.

② 选取换出变量

由 $B_1^{-1} b_1 = \begin{pmatrix} 8 \\ 7 \end{pmatrix}, B_1^{-1} P_3 = \begin{pmatrix} 2 \\ 1 \end{pmatrix} > 0$ 且 $\begin{pmatrix} x_4 \\ x_5 \end{pmatrix} = B_1^{-1} b_1 - B_1^{-1} P_3 x_3 = \begin{pmatrix} 8 \\ 7 \end{pmatrix} - \begin{pmatrix} 2 \\ 1 \end{pmatrix} x_3 \geqslant 0,$

$\min\left\{\dfrac{8}{2}, \dfrac{7}{1}\right\} = \dfrac{8}{2} = 4$, 所以选取 x_4 为换出变量.

(4) 求改进了的基础可行解 x'

对约束方程组的增广矩阵施以初等行变换, 将换入变量 x_3 所对应的系数列向量

$P_3 = \begin{pmatrix} 2 \\ 1 \end{pmatrix}$, 变换成换出变量 x_4 所对应的单位向量 $P_4 = \begin{pmatrix} 1 \\ 0 \end{pmatrix}$:

$$\begin{bmatrix} 1 & 2 & \boxed{2} & \boxed{1} & 0 & 8 \\ 3 & 4 & 1 & 0 & 1 & 7 \end{bmatrix} \xrightarrow{\text{第一行除以 2}} \begin{bmatrix} \dfrac{1}{2} & 1 & 1 & \dfrac{1}{2} & 0 & 4 \\ 3 & 4 & 1 & 0 & 1 & 7 \end{bmatrix}$$

$$\xrightarrow{\text{第二行减去第一行}} \begin{bmatrix} \dfrac{1}{2} & 1 & 1 & \dfrac{1}{2} & 0 & 4 \\ \dfrac{5}{2} & 3 & 0 & \dfrac{-1}{2} & 1 & 3 \end{bmatrix},$$

此时 $B_2 = (P_3, P_5) = \begin{pmatrix} 1 & 0 \\ 0 & 1 \end{pmatrix}$, 基变量是 x_3, x_5, 非基变量是 x_1, x_2, x_4, 则

$$x_{B_2} = \begin{pmatrix} x_3 \\ x_5 \end{pmatrix}, \quad x_{N_2} = \begin{pmatrix} x_1 \\ x_2 \\ x_4 \end{pmatrix}, \quad B_2 = \begin{pmatrix} 1 & 0 \\ 0 & 1 \end{pmatrix}, \quad N_2 = \begin{pmatrix} \dfrac{1}{2} & 1 & \dfrac{1}{2} \\ \dfrac{5}{2} & 3 & \dfrac{-1}{2} \end{pmatrix},$$

$$c_{B_2} = (-3, -1), \quad c_{N_2} = (-5, -2, 1), \quad b_2 = \begin{pmatrix} 4 \\ 3 \end{pmatrix}.$$

令 $x_{N_2} = 0$，得 $x_{B_2} = B_2^{-1} b_2 = \begin{pmatrix} 4 \\ 3 \end{pmatrix}$，从而基础可行解为 $x' = (0, 0, 4, 0, 3)^{\mathrm{T}}$，目标

函数值 $z' = c_{B_2} B_2^{-1} b_2 = (-3, -1) \begin{pmatrix} 4 \\ 3 \end{pmatrix} = -15$，易见目标函数值比原来的 $z' = 1$ 下降

了，再转向步骤(2)检验 $x = (0, 0, 4, 0, 3)^{\mathrm{T}}$ 是否最优. 求得此时的检验向量

$$\lambda_{N_2} = c_{B_2} B_2^{-1} N_2 - c_{N_2} = (-3, -1) \begin{bmatrix} \dfrac{1}{2} & 1 & \dfrac{1}{2} \\ \dfrac{5}{2} & 3 & \dfrac{-1}{2} \end{bmatrix} - (-5, -2, 1)$$

$$= (-4, -6, -1) - (-5, -2, 1) = \underset{\underset{\lambda_1 \quad \lambda_2 \quad \lambda_4}{\uparrow \quad \uparrow \quad \uparrow}}{(1, -4, -2)}$$

因为检验数 $\lambda_1 = 1 > 0$，所以 $x' = (0, 0, 4, 0, 3)^{\mathrm{T}}$ 仍不是最优解，再转向步骤(3)，对基础可行解 $x' = (0, 0, 4, 0, 3)^{\mathrm{T}}$ 进行改进.

①选取换入变量

因为 $\lambda_1 = 1 > 0$，故取 x_1 为换入变量.

②选取换出变量

因为　　$B_2^{-1} b_2 = \begin{pmatrix} 4 \\ 3 \end{pmatrix}$，$B_2^{-1} P_1 = \begin{bmatrix} \dfrac{1}{2} \\ \dfrac{5}{2} \end{bmatrix} > 0$，且 $\min\left\{\dfrac{4}{1/2}, \dfrac{3}{5/2}\right\} = \dfrac{3}{5/2} = \dfrac{6}{5}$，

由 $\begin{bmatrix} x_3 \\ x_5 \end{bmatrix} = B_2^{-1} b_2 - B_2^{-1} P_1 x_1 = \begin{pmatrix} 4 \\ 3 \end{pmatrix} - \begin{bmatrix} \dfrac{1}{2} \\ \dfrac{5}{2} \end{bmatrix} x_1 > 0$，选取 x_5 为换出变量. 再转向步骤(4)

求改进的基础可行解 x''；

对约束方程组的增广矩阵施以初等行变换，使换入变量 x_1 所对应的系数列向量

$P_1 = \begin{bmatrix} \dfrac{1}{2} \\ \dfrac{5}{2} \end{bmatrix}$ 变换成换出变量 x_5 所对应的单位向量 $P_5 = \begin{pmatrix} 0 \\ 1 \end{pmatrix}$：

$$\begin{bmatrix} \dfrac{1}{2} & 1 & 1 & \dfrac{1}{2} & \boxed{0} & 4 \\ \dfrac{5}{2} & 3 & 0 & \dfrac{-1}{2} & \boxed{1} & 3 \end{bmatrix} \xrightarrow{\text{第二行乘以} \frac{2}{5}} \begin{bmatrix} \dfrac{1}{2} & 1 & 1 & \dfrac{1}{2} & 0 & 4 \\ 1 & \dfrac{6}{5} & 0 & \dfrac{-1}{5} & \dfrac{2}{5} & \dfrac{6}{5} \end{bmatrix}$$

$$\xrightarrow{\text{第一行减以第二行的 1/2 倍}}$$

$$\begin{pmatrix} 0 & \dfrac{2}{5} & 1 & \dfrac{3}{5} & \dfrac{-1}{5} & \dfrac{17}{5} \\ 1 & \dfrac{6}{5} & 0 & \dfrac{-1}{5} & \dfrac{2}{5} & \dfrac{6}{5} \end{pmatrix}$$

此时 $B_3 = (P_3, P_1) = \begin{pmatrix} 1 & 0 \\ 0 & 1 \end{pmatrix}$，基变量是 x_3, x_1，非基变量是 x_2, x_4, x_5，而

$$x_{B_3} = \begin{bmatrix} x_3 \\ x_1 \end{bmatrix}, \quad x_{N_3} = \begin{bmatrix} x_2 \\ x_4 \\ x_5 \end{bmatrix}, \quad B_3 = \begin{pmatrix} 1 & 0 \\ 0 & 1 \end{pmatrix}, \quad N_3 = \begin{bmatrix} \dfrac{2}{5} & \dfrac{3}{5} & \dfrac{-1}{5} \\ \dfrac{6}{5} & \dfrac{-1}{5} & \dfrac{2}{5} \end{bmatrix},$$

$$c_{B_3} = (-3, -5), \quad c_{N_3} = (-2, 1, -1), \quad b_3 = \begin{bmatrix} \dfrac{17}{5} \\ \dfrac{6}{5} \end{bmatrix}.$$

令 $x_{N_3} = 0$，得 $x_{B_3} = B_3^{-1} b_3 = \begin{bmatrix} \dfrac{17}{5} \\ \dfrac{6}{5} \end{bmatrix}$. 从而得基础可行解 $x'' = \left(\dfrac{6}{5}, 0, \dfrac{17}{5}, 0, 0 \right)^T$，目

标函数值 $z' = c_{B_3} B_3^{-1} b_3 = (-3, -5) \begin{bmatrix} \dfrac{17}{5} \\ \dfrac{6}{5} \end{bmatrix} = -\dfrac{81}{5}$. 显然这比 $z' = -15$ 又下降了，再转

向步骤(2)，检验 $x'' = \left(\dfrac{6}{5}, 0, \dfrac{17}{5}, 0, 0 \right)^T$ 是否最优. 求得此时的检验向量

$$\lambda_{N_3} = c_{B_3} B_3^{-1} N_3 - c_{N_3} = (-3, -5) \begin{bmatrix} \dfrac{2}{5} & \dfrac{3}{5} & \dfrac{-1}{5} \\ \dfrac{6}{5} & \dfrac{-1}{5} & \dfrac{2}{5} \end{bmatrix} - (-2, 1, -1)$$

$$= \left(-\dfrac{36}{5}, -\dfrac{4}{5}, -\dfrac{7}{5} \right) - (-2, 1, -1) = \left(-\dfrac{26}{5}, -\dfrac{9}{5}, -\dfrac{2}{5} \right)$$

$$\qquad\qquad\qquad\qquad\qquad\qquad \uparrow \qquad \uparrow \qquad \uparrow .$$
$$\qquad\qquad\qquad\qquad\qquad\quad \lambda_2 \quad\;\; \lambda_4 \quad\;\; \lambda_5$$

因为所有的检验数均小于零，所以 $x^* = x'' = \left(\dfrac{6}{5}, 0, \dfrac{17}{5}, 0, 0 \right)^T$ 是最优解，得到最

优目标函数值 $z^* = -z' = \dfrac{81}{5}$.

二、表格单纯形法

通过本节例 1 我们进一步发现,在用单纯形法求解过程中,有下列重要指标:

(1)每一个基础可行解都有检验向量 $\lambda_N = c_B B^{-1} N - c_N$,根据检验向量可以确定所求得的基础可行解是否为最优解.如果不是最优,则可以通过检验向量确定合适的换入变量.

(2)每一个基础可行解都有对应的目标函数值 $z = c_B B^{-1} b$.由此可以观察单纯形法的每次迭代是否使目标函数值实现了有效下降,直至求得最优的目标函数值为止.我们知道,矩阵表示的是一张表,因此,可以将上述矩阵解法用表格来表示,这就是表格单纯形法.

1. 基 B 对应的单纯形表

设 B 是线性规划问题(4.1)的一个基.不妨设 $A = (B, N)$,$x = \begin{pmatrix} x_B \\ x_N \end{pmatrix}$,$c = (c_B, c_N)$,则

$$Ax = (B, N) \begin{bmatrix} x_B \\ x_N \end{bmatrix} = Bx_B + Nx_N = b,$$

即

$$x_B = B^{-1} b - B^{-1} N x_N \tag{4.2}$$

而

$$z = cx = (c_B, c_N) \begin{bmatrix} x_B \\ x_N \end{bmatrix} = c_B x_B + c_N x_N \tag{4.3}$$

把(4.2)代入(4.3)得

$$z = c_B (B^{-1} b - B^{-1} N x_N) + c_N x_N = c_B B^{-1} b - (c_B B^{-1} N - c_N) x_N \tag{4.4}$$

由(4.4)得

$$z + (c_B B^{-1} N - c_N) x_N = c_B B^{-1} b \tag{4.5}$$

$$B^{-1} A x = (E, B^{-1} N) x = B^{-1} b \tag{4.6}$$

又因为

$$(c_B B^{-1} A - c) x = (c_B B^{-1}(B, N) - (c_B, c_N)) \begin{pmatrix} x_B \\ x_N \end{pmatrix} = (c_B B^{-1} N - c_N) x_N,$$

于是式(4.5)可以改写为:

$$z + (c_B B^{-1} A - c) x = c_B B^{-1} b \tag{4.7}$$

把式(4.6)和式(4.7)写在一起,得

$$\begin{bmatrix} 1 & c_B B^{-1} A - c \\ 0 & B^{-1} A \end{bmatrix} \begin{pmatrix} z \\ x \end{pmatrix} = \begin{bmatrix} c_B B^{-1} b \\ B^{-1} b \end{bmatrix}.$$

我们称矩阵

$$\begin{bmatrix} c_B B^{-1} b & c_B B^{-1} A - c \\ B^{-1} b & B^{-1} A \end{bmatrix} \text{亦即} \begin{bmatrix} c_B B^{-1} b & 0 & c_B B^{-1} N - c_N \\ B^{-1} b & E & B^{-1} N \end{bmatrix} \tag{4.8}$$

为对应于基 B 的单纯形表.

如果记：$c_B B^{-1} b = b_{00}$，$c_B B^{-1} A - c = (b_{01}, b_{02}, \cdots, b_{0n})$，

$$B^{-1} b = \begin{pmatrix} b_{10} \\ b_{20} \\ \vdots \\ b_{m0} \end{pmatrix}, \qquad B^{-1} A = \begin{pmatrix} b_{11} & b_{12} & \cdots & b_{1n} \\ b_{21} & b_{22} & \cdots & b_{2n} \\ \vdots & \vdots & & \vdots \\ b_{m1} & b_{m2} & \cdots & b_{mn} \end{pmatrix}$$

我们把上述记号设计成一个表格,即单纯形表,如表 4-1.

表 4-1

		x_1	x_2	$\cdots$	x_n
z	b_{00}	b_{01}	b_{02}	$\cdots$	b_{0n}
x_1	b_{10}	b_{11}	b_{12}	$\cdots$	b_{1n}
x_1	b_{10}	b_{11}	b_{12}	$\cdots$	b_{1n}
$\vdots$	$\vdots$	$\vdots$	$\vdots$		$\vdots$
x_m	b_{m0}	b_{m1}	b_{m2}	$\cdots$	b_{mn}

2. 特殊的基 B 对应的单纯形表

(1) 当基 $B = E$ 时，$B^{-1} = E$. 此时单位矩阵 $B = E$ 为可行基,由 (4.8) 式得初始单纯形表为

$$\begin{pmatrix} c_B b & 0 & c_B N - c_N \\ b & E & N \end{pmatrix}.$$

计算设计成一个简单的单纯形表,如表 4-2.

表 4-2

		c_B		c_N	
		$x_1 \quad x_2 \quad \cdots \quad x_m$		$x_{m+1} \quad x_{m+2} \quad \cdots \quad x_n$	
z	$c_B b$	0		$c_B N - c_N$	
x_1	b_1				
x_2	b_2	E		N	
$\vdots$	$\vdots$				
x_m	b_m				

(2) 当基 $B = E$，$c_B = 0$ 时,此时更简单的初始单纯形表为

$$\begin{pmatrix} 0 & -c \\ b & A \end{pmatrix}.$$

相应的单纯形表如表 4-3.

表 4-3

		x_1 x_2 $\cdots$ x_n
z	0	$-c_1$ $-c_2$ $\cdots$ $-c_n$
x_1	b_1	
x_2	b_2	
$\vdots$	$\vdots$	A
x_m	b_m	

3. 表格单纯形法的具体步骤

①将线性规划问题化成标准形;

②找出一个 m 阶可逆矩阵作为初始可行基,建立初始单纯形表 4-1 或特殊的单纯形表 4-2、表 4-3;

③计算各非基变量 $x_{m+1},x_{m+2},\cdots,x_n$ 的检验数 $\lambda_j=c_BP_j-c_j$,其中 P_j 为非基变量 $x_j(j=m+1,m+2,\cdots,n)$ 的系数列向量,所有基变量的检验数 $\lambda_i=0(i=1,2,\cdots,m)$. 若所有的检验数 $\lambda_k\leqslant0(k=1,2,\cdots,n)$,则问题已得到最优解.停止计算,否则转入下一步;

④在大于 0 的检验数中,若某个 λ_j 所对应的系数列向量 $P_j\leqslant0$,则此问题是无界解.停止计算,否则转入下一步;

⑤根据 $\max\{\lambda_j\,|\,\lambda_j>0,m+1\leqslant j\leqslant n\}=\lambda_l$ 原则,确定 x_l 为换入变量(进基变量),再按最小比值原则确定换出变量:若 $\min\left\{\dfrac{b_i}{a_{il}}\,\Big|\,a_{il}>0,1\leqslant i\leqslant m\right\}=\dfrac{b_r}{a_{rl}}$,则选取对应的基变量 x_r 为换出变量.以元素 a_{rl} 为主元素(或轴心项),建立新的单纯形表,此时基变量中 x_l 取代了 x_r 的位置;

⑥以 a_{rl} 为主元素进行迭代,把 x_l 所对应的列向量变为单位列向量,即 a_{rl} 变为 1,同列中其他元素为 0,转第③步.

例 2 试利用表格单纯形法求例 1 中的最优解

$$\max z=5x_1+2x_2+3x_3-x_4+x_5$$

$$\begin{cases} x_1+2x_2+2x_3+x_4=8 \\ 3x_1+4x_2+x_3+x_5=7. \\ x_1,x_2,x_3,x_4,x_5\geqslant0 \end{cases}$$

解 将线性规划问题化为标准形

$$\min z'=-5x_1-2x_2-3x_3+x_4-x_5$$

$$\begin{cases} x_1 + 2x_2 + 2x_3 + x_4 = 8 \\ 3x_1 + 4x_2 + x_3 + x_5 = 7, \\ x_1, x_2, x_3, x_4, x_5 \geqslant 0 \end{cases}$$

其中 $c = (-5, -2, -3, 1, -1)$, $A = \begin{pmatrix} 1 & 2 & 2 & 1 & 0 \\ 3 & 4 & 1 & 0 & 1 \end{pmatrix}$, $b = \begin{pmatrix} 8 \\ 7 \end{pmatrix}$.

可以看出,初始可行基为 $B = (P_4, P_5) = \begin{pmatrix} 1 & 0 \\ 0 & 1 \end{pmatrix}$,基变量是 x_4, x_5,非基变量 x_1,

x_2, x_3 的系数列向量构成的矩阵 $N = (P_1, P_2, P_3) = \begin{pmatrix} 1 & 2 & 2 \\ 3 & 4 & 1 \end{pmatrix}$,

$$c_B = (c_4, c_5) = (1, -1), c_N = (c_1, c_2, c_3) = (-5, -2, -3), b = \begin{bmatrix} b_1 \\ b_2 \end{bmatrix} = \begin{bmatrix} 8 \\ 7 \end{bmatrix},$$

计算检验向量 $\lambda_N = (\lambda_1, \lambda_2, \lambda_3) = c_B N - c_N = c_B(P_1, P_2, P_3) - (c_1, c_2, c_3)$

$$= (1, -1)\begin{pmatrix} 1 & 2 & 2 \\ 3 & 4 & 1 \end{pmatrix} - (-5, -2, -3)$$

$$= (-2, -2, 1) - (-5, -2, -3) = (3, 0, 4),$$

计算目标函数值

$$z' = c_B b = (c_4, c_5)\begin{bmatrix} b_1 \\ b_2 \end{bmatrix} = 1,$$

得初始的单纯形表如表 4-4.

表 4-4

		x_1	x_2	x_3	x_4	x_5
z'	1	3	0	4	0	0
x_4	8	1	2	$\boxed{2}$	1	0
x_5	7	3	4	1	0	1

由表 4-4 得初始基础可行解 $x = (x_1, x_2, x_2, x_4, x_5)^{\mathrm{T}} = (0, 0, 0, 8, 7)^{\mathrm{T}}$,检验数 $\lambda_1 = 3, \lambda_3 = 4$ 均大于零,要进行换基迭代.

因为 $\max\{\lambda_1, \lambda_3\} = \max\{3, 4\} = 4 = \lambda_3$,所以对应的 x_3 为换入变量. 而 x_3 对应的

列向量 $p_3 = \begin{pmatrix} 2 \\ 1 \end{pmatrix}$ 有两个正分量,由 $\min\left\{\dfrac{b_1}{a_{13}}, \dfrac{b_2}{a_{23}}\right\} = \min\left\{\dfrac{8}{2}, \dfrac{7}{1}\right\} = \dfrac{8}{2} = \dfrac{b_1}{a_{13}}$ 知:对应的

x_4 为换出变量,以元素 $a_{13} = 2$ 为主元素进行旋转变换,即先将换出基变量 x_4 位置上的变量 x_4 改为换入基变量 x_3,其余的基变量不变,然后施行矩阵的初等行变换,将元

素 $a_{13} = 2$ 所在列中的 $a_{13} = 2$ 变为 1，其余元素均变为 0. 这种变换称为旋转变换. 计算得新的单纯形表如表 4-5.

表 4-5

		x_1	x_2	x_3	x_4	x_5
z'	-15	1	-4	0	-2	0
x_3	4	$\dfrac{1}{2}$	1	1	$\dfrac{1}{2}$	0
x_5	3	$\boxed{\dfrac{5}{2}}$	3	0	$-\dfrac{1}{2}$	1

由表 4-5 得基础可行解 $x' = (0,0,4,0,3)^{\mathrm{T}}$，标准问题的目标函数值 $z' = -15$. 此时有检验数 $\lambda_1' = 1 > 0$，需要继续进行换基迭代.

λ_1 对应的变量 x_1 为换入变量，又由

$$\min\left\{\frac{b_1'}{a_{11}'}, \frac{b_2'}{a_{21}'}\right\} = \min\left\{\frac{4}{1/2}, \frac{3}{5/2}\right\} = \frac{3}{5/2} = \frac{b_2'}{a_{21}'}$$

知：x_5 为换出变量. 以元素 $a_{21}' = \dfrac{5}{2}$ 为主元进行旋转变换，即先将换出基变量 x_5 位置上的变量 x_5 改为换入基变量 x_1，其余的基变量不变，然后施行矩阵的初等行变换，将元素 $a_{21}' = \dfrac{5}{2}$ 所在列中的 $a_{21}' = \dfrac{5}{2}$ 变为 1，其余元素均变为 0. 得新的单纯形表如表 4-6.

表 4-6

		x_1	x_2	x_3	x_4	x_5
z'	$-\dfrac{81}{5}$	0	$-\dfrac{26}{5}$	0	$-\dfrac{9}{5}$	$-\dfrac{2}{5}$
x_3	$\dfrac{17}{5}$	0	$\dfrac{2}{5}$	1	$\dfrac{3}{5}$	$-\dfrac{1}{5}$
x_1	$\dfrac{6}{5}$	1	$\dfrac{6}{5}$	0	$-\dfrac{1}{5}$	$\dfrac{2}{5}$

由表 4-6 知，检验向量

$$\lambda_N'' = (\lambda_2, \lambda_4, \lambda_5) = \left(-\frac{26}{5}, -\frac{9}{5}, -\frac{2}{5}\right) < 0.$$

此时非基变量的检验数全部小于 0，故表 4-6 为最优单纯形表，得原问题的最优解

$x^* = \left(\dfrac{6}{5}, 0, \dfrac{17}{5}, 0, 0\right)^{\mathrm{T}}$,最优目标函数值 $z^* = -z' = \dfrac{81}{5}$.

例 3 用单纯形方法求解线性规划问题

$$\max z = x_1 + 2x_2 + x_3$$

$$\begin{cases} 2x_1 - 3x_2 + 2x_3 \leqslant 15 \\ \dfrac{1}{3}x_1 + x_2 + 5x_3 \leqslant 20. \\ x_1, x_2, x_3 \geqslant 0 \end{cases}$$

解 将线性规划问题化为标准形

$$\min z' = -x_1 - 2x_2 - x_3 + 0x_4 + 0x_5$$

$$\begin{cases} 2x_1 - 3x_2 + 2x_3 + x_4 = 15 \\ \dfrac{1}{3}x_1 + x_2 + 5x_3 + x_5 = 20, \\ x_j \geqslant 0, j = 1, 2, \cdots, 5 \end{cases}$$

易知

$$c = (-1, -2, -1, 0, 0), \quad A = \begin{bmatrix} 2 & -3 & 2 & 1 & 0 \\ \dfrac{1}{3} & 1 & 5 & 0 & 1 \end{bmatrix}, \quad b = \begin{pmatrix} b_1 \\ b_2 \end{pmatrix} = \begin{pmatrix} 15 \\ 20 \end{pmatrix}.$$

显然,初始可行基为 $B = (P_4, P_5) = \begin{pmatrix} 1 & 0 \\ 0 & 1 \end{pmatrix}$,基变量是 x_4, x_5,非基变量是 x_1, x_2,

x_3,因为 $c_B = (c_4, c_5) = (0, 0)$,直接由表 4-3 得初始的单纯形表如表 4-7.

表 4-7

		x_1	x_2	x_3	x_4	x_5
z'	0	1	2	1	0	0
x_4	15	2	-3	2	1	0
x_5	20	$\dfrac{1}{3}$	$\boxed{1}$	5	0	1

由表 4-7 知:此时非基变量 x_1, x_2, x_3 的检验数分别为 $\lambda_1 = 1, \lambda_2 = 2, \lambda_3 = 1$,显然均大于零;又 x_2 对应的列向量中只有一个正数 $a_{12} = 1$,以 $a_{12} = 1$ 为轴心项,换基迭代得表 4-8.

表 4-8

		x_1	x_2	x_3	x_4	x_5
z'	-40	$\dfrac{1}{3}$	0	-9	0	-2
x_4	75	$\boxed{3}$	0	17	1	3
x_2	20	$\dfrac{1}{3}$	1	5	0	1

由表 4-8 知：此时非基变量 x_1 的检验数 $\lambda_1 = \dfrac{1}{3}$ 于零，而 x_1 对应的列向量中有两

个正分量，$\min\left\{\dfrac{75}{3}, \dfrac{20}{\frac{1}{3}}\right\} = 25$，取 $a_{11} = 3$ 为轴心项，换基迭代得表 4-9.

表 4-9

		x_1	x_2	x_3	x_4	x_5
z'	$-\dfrac{145}{3}$	0	0	$-\dfrac{98}{9}$	$-\dfrac{1}{9}$	$-\dfrac{7}{3}$
x_1	25	1	0	$\dfrac{17}{3}$	$\dfrac{1}{3}$	1
x_2	$\dfrac{35}{3}$	0	1	$\dfrac{28}{9}$	$-\dfrac{1}{9}$	$\dfrac{2}{3}$

由表 4-9 知：此时非基变量的检验数全部小于零，表 4-9 为最优单纯形表. 从而得
最优解 $x^* = \left(25, \dfrac{35}{3}, 0, 0, 0\right)^{\mathrm{T}}$，于是原线性规划问题的最优解为 $x^* = \left(25, \dfrac{35}{3}, 0\right)^{\mathrm{T}}$，
最优值 $z^* = -z' = \dfrac{145}{3}$.

例 4 用单纯形方法求解线性规划问题

$$\max z = 2x_1 + 4x_2$$

$$\begin{cases} -x_1 + 2x_2 \leqslant 4 \\ x_1 + 2x_2 \leqslant 10 \\ x_1 - x_2 \leqslant 2 \\ x_1, x_2 \geqslant 0 \end{cases}$$

解 将线性规划问题化为标准形

$$\min z' = -2x_1 - 4x_2 + 0x_3 + 0x_4 + 0x_5$$

$$\begin{cases} -x_1 + 2x_2 + x_3 = 4 \\ x_1 + 2x_2 + x_4 = 10 \\ x_1 - x_2 + x_5 = 2 \\ x_j \geqslant 0, j = 1, 2, \cdots, 5 \end{cases},$$

易知

$$c = (-2, -4, 0, 0, 0), A = \begin{pmatrix} -1 & 2 & 1 & 0 & 0 \\ 1 & 2 & 0 & 1 & 0 \\ 1 & -1 & 0 & 0 & 1 \end{pmatrix}, b = \begin{pmatrix} b_1 \\ b_2 \\ b_3 \end{pmatrix} = \begin{pmatrix} 4 \\ 10 \\ 2 \end{pmatrix}.$$

显然,初始可行基为 $B = (P_3, P_4, P_5) = E, c_B = 0$,对应于基 B 的单纯形表如表 4-10.

表 4-10

		x_1	x_2	x_3	x_4	x_5
z'	0	2	4	0	0	0
x_3	4	-1	$\boxed{2}$	1	0	0
x_4	10	1	2	0	1	0
x_5	2	1	-1	0	0	1
z'	-8	4	0	-2	0	0
x_2	2	$-\frac{1}{2}$	1	$\frac{1}{2}$	0	0
x_4	6	$\boxed{2}$	0	-1	1	0
x_5	4	$\frac{1}{2}$	0	$\frac{1}{2}$	0	1
z'	-20	0	0	(0)	-2	0
x_2	$\frac{7}{2}$	0	1	$\frac{1}{4}$	$\frac{1}{4}$	0
x_1	3	1	0	$-\frac{1}{2}$	$\frac{1}{2}$	0
x_5	$\frac{5}{2}$	0	0	$\boxed{\frac{3}{4}}$	$-\frac{1}{4}$	1

在表 4-10 的最后四行给出的最优单纯形表中,检验数 $\lambda_j, j = 1, 2, \cdots, 5$,全部非正,则最优解为 $x^{(1)} = (3, \frac{7}{2}, 0, 0, \frac{5}{2})^\top$,最优值 $z^* = -z' = 20$.

注意观测这里非基变量 x_3 的检验数 $\lambda_3 = 0$:x_3 若增加,目标函数值不变(因为此

时目标函数中 x_3 的系数为零),即当 x_3 进基时,目标函数 z 仍等于 20.

当最优表中某个非基变量的检验数为零时,此问题有无穷最优解.

下面介绍找另一个最优解的方法:让 x_3 进基, x_5 出基,继续迭代,得到表 4-11,获得另一个基础最优解.

表 4-11

		x_1	x_2	x_3	x_4	x_5
z'	-20	0	0	0	-2	0
x_2	$\dfrac{8}{3}$	0	1	0	$\dfrac{1}{3}$	$-\dfrac{1}{3}$
x_1	$\dfrac{14}{3}$	1	0	0	$\dfrac{1}{3}$	$\dfrac{2}{3}$
x_3	$\dfrac{10}{3}$	0	0	1	$-\dfrac{1}{3}$	$\dfrac{4}{3}$

从表 4-11 可以看出,此时的最优解为 $x^{(2)} = \left(\dfrac{14}{3}, \dfrac{8}{3}, \dfrac{10}{3}, 0, 0,\right)^{\mathrm{T}}$,最优目标函数值仍然是 $z^* = -z' = 20$.

$x^{(1)}, x^{(2)}$ 是此线性规划问题的两个最优解,它们的凸组合

$$x = \alpha x^{(1)} + (1-\alpha)x^{(2)} \qquad (0 \leqslant \alpha \leqslant 1)$$

仍是此线性规划问题的最优解.从而此线性规划问题有无穷多最优解.

例 5　用单纯形方法求解线性规划问题

$$\max z = -x_1 + x_2$$

$$\begin{cases} 3x_1 - 2x_2 \leqslant 1 \\ -2x_1 + x_2 \geqslant -4. \\ x_1, x_2 \geqslant 0 \end{cases}$$

解　将线性规划问题化为标准形

$$\min z' = x_1 - x_2 + 0x_3 + 0x_4$$

$$\begin{cases} 3x_1 - 2x_2 + x_3 = 1 \\ 2x_1 - x_2 + x_4 = 4 \\ x_j \geqslant 0, j = 1, 2, 3, 4 \end{cases},$$

易知

$$c = (1, -1, 0, 0), A = \begin{pmatrix} 3 & -2 & 1 & 0 \\ 2 & -1 & 0 & 1 \end{pmatrix}, b = \begin{bmatrix} b_1 \\ b_2 \end{bmatrix} = \begin{pmatrix} 1 \\ 4 \end{pmatrix}.$$

显然,初始可行基为 $B = (P_3, P_4, P_5) = E$, $c_B = 0$,则对应于基 B 的单纯形表如表 4-12.

表 4-12

		x_1	x_2	x_3	x_4
z'	0	-1	1	0	0
x_3	1	3	-2	1	0
x_4	4	2	-1	0	1

从表 4-12 可以看出：$\lambda_2 = 1 > 0$，x_2 进基，而 $a_{12} = -1 < 0$，$a_{22} = -4 < 0$，从而线性规划问题无最优解。由目标函数 $\min z' = x_1 - x_2$ 可以看出，当固定 x_1 使 $x_2 \to +\infty$ 且满足约束条件时，有 $z' \to -\infty$。所以该线性规划问题具有无界解，即不存在有限最优解。

注意 无最优解与无可行解是两个不同的概念：无可行解是指原线性规划问题不存在可行解，从几何的角度解释是指线性规划问题的可行域为空集；而无最优解则是指线性规划问题存在可行解，但是可行解的目标函数达不到最优值，即目标函数在可行域内可以趋于无穷小（或者无穷大）。无最优解也称为无有限最优解或有无界解。

4. 最优解判别定理

无界解的判断 某个检验数 $\lambda_k > 0$ 且 $a_{ik} \leqslant 0$，$i = 1, 2, \cdots, m$，则线性规划具有无界解。

也就是说，在求解极小化的线性规划问题过程中，若某单纯形表的检验行存在某个大于零的检验数，但是该检验数所对应的非基变量的系数列向量的全部分量都为负数或零，则该线性规划问题无最优解。

唯一最优解的判断 最优表中所有非基变量的检验数为负，则线性规划问题具有唯一最优解。

无穷多最优解的判断 最优表中存在非基变量的检验数为零，则线性规划有无穷最优解。

第三节 两阶段法求解线性规划问题

在实际问题中，有些线性规划问题的标准形并不含有单位矩阵。为了得到一组初始基向量和初始基础可行解，需要在约束条件的等式左端加一组虚拟变量，得到一组基变量。这种人为加的变量称为人工变量，构成的可行基称为人工基，用大 M 法或两阶段法求解，这种用人工变量作桥梁的求解方法称为人工变量法或称为两阶段法。

例如，考虑线性规划问题

$$\min z = \sum_{j=1}^{n} c_j x_j$$

$$\begin{cases} \sum\limits_{j=1}^{n} a_{ij}x_j = b_i, i = 1,2,\cdots,m \\ x_j \geqslant 0, j = 1,2,\cdots,n \end{cases}$$

为了在约束方程组的系数矩阵中得到一个 m 阶单位矩阵作为初始可行基,可在每个约束方程组的左端加上一个人工变量 $x_{n+i}(i = 1,2,\cdots,m)$. 因为在添加人工变量 $x_{n+i}(i = 1,2,\cdots,m)$ 之前,约束条件已经是等式,再添加的变量是多余的,故称为人工变量. 于是可得到

$$\min z = \sum_{j=1}^{n+m} c_j x_j$$

$$\begin{cases} \sum\limits_{j=1}^{n} a_{ij}x_j + x_{n+i} = b_i, i = 1,2,\cdots,m \\ x_j \geqslant 0, j = 1,2,\cdots,n+m \end{cases}$$

添加了 m 个人工变量以后,在系数矩阵中得到一个 m 阶单位矩阵,以此单位矩阵对应的人工变量 $x_{n+i}(i = 1,2,\cdots,m)$ 为基变量,即可得到一个初始的基础可行解 $x^{(0)} = (0,0,\cdots,0,b_1,b_2,\cdots,b_m)^{\mathrm{T}}$. 这样的基础可行解对原线性规划问题是没有意义的.

但是我们可以从 $x^{(0)}$ 出发进行迭代,一旦所有的人工变量都从基变量中迭代出来,变成只能取零值的非基变量,那么我们实际上已经求得了原线性规划问题的一个初始的基础可行解.此时可以把所有人工变量剔除,开始正式进入求原线性规划问题最优解的过程.

若约束方程组含有"$\geqslant$"不等式,那么在化标准形时除了在方程式左端减去剩余变量,还必须在左端加上一个非负的人工变量.因为人工变量是在约束方程已为等式的基础上,人为加上去的一个新变量,因此加入人工变量后的约束方程组与原约束方程组是不等价的.加上人工变量以后,线性规划问题的基础可行解不一定是原线性规划问题的基础可行解.只有当基础可行解中所有人工变量都为取零值的非基变量时,该基础可行解对原线性规划问题才有意义.此时,只需去掉基础可行解中的人工变量部分,剩余部分即为原线性规划问题的一个基础可行解.而这正是我们引入人工变量的主要目的.

一、大 M 单纯形法

大 M 法首先是将线性规划问题化为标准形.如果约束方程组中包含有一个单位矩阵 E,那么已经得到了一个初始可行基.否则在约束方程组的左边加上若干个非负的人工变量,使人工变量对应的系数列向量与其他变量的系数列向量共同构成一个单位矩阵.以单位矩阵为初始基,即可求得一个初始的基础可行解.

为了求得原问题的初始基础可行解,必须尽快通过迭代过程把人工变量从基变量中替换为非基变量.为此,可以在目标函数中赋予人工变量一个任意大的正系数 M. 只要基变量中还存在人工变量,目标函数就不可能实现极小化.

以后的计算与单纯形表解法相同,M 只需认定是一个任意大的正数即可.假如在单纯形最优表的基变量中还包含人工变量,则说明原问题无可行解.否则最优解中剔除人工变量的剩余部分即为原问题的初始基础可行解.

例 1　用大 M 法求解线性规划问题

$$\max z = 3x_1 + 2x_2 - x_3$$

$$\begin{cases} -4x_1 + 3x_2 + x_3 \geqslant 4 \\ x_1 - x_2 + 2x_3 \leqslant 10 \\ -2x_1 + 2x_2 - x_3 = -1 \\ x_1, x_2, x_3 \geqslant 0 \end{cases}.$$

解　将线性规划问题化为标准形,得到线性规划问题 I:

$$\min z' = -3x_1 - 2x_2 + x_3$$

$$\begin{cases} -4x_1 + 3x_2 + x_3 - x_4 = 4 \\ x_1 - x_2 + 2x_3 + x_5 = 10 \\ 2x_1 - 2x_2 + x_3 = 1 \\ x_j \geqslant 0, j = 1, 2, \cdots, 5 \end{cases}.$$

约束条件中的 x_4, x_5 为松弛变量,x_5 可作为一个基变量.但在此系数矩阵中找不到单位阵 E 作为初始可行基,故需要在第一、三约束条件中分别加入人工变量 x_6, x_7,在目标函数中加入 $Mx_6 + Mx_7$ 一项,得到含人工变量的标准形线性规划问题 II:

$$\min z' = -3x_1 - 2x_2 + x_3 + 0x_4 + 0x_5 + Mx_6 + Mx_7$$

$$\begin{cases} -4x_1 + 3x_2 + x_3 - x_4 + x_6 = 4 \\ x_1 - x_2 + 2x_3 + x_5 = 10 \\ 2x_1 - 2x_2 + x_3 + x_7 = 1 \\ x_j \geqslant 0, j = 1, 2, \cdots, 7 \end{cases}$$

易知,$c = (-3, -2, 1, 0, 0, M, M)$,$A = \begin{bmatrix} -4 & 3 & 1 & -1 & 0 & 1 & 0 \\ 1 & -1 & 2 & 0 & 1 & 0 & 0 \\ 2 & -2 & 1 & 0 & 0 & 0 & 1 \end{bmatrix}$,

$$b = \begin{bmatrix} b_1 \\ b_2 \\ b_3 \end{bmatrix} = \begin{bmatrix} 4 \\ 10 \\ 1 \end{bmatrix}.$$

取初始可行基 $B = (P_6, P_5, P_7) = \begin{bmatrix} 1 & 0 & 0 \\ 0 & 1 & 0 \\ 0 & 0 & 1 \end{bmatrix}$，初始基变量为 x_5, x_6, x_7；非基变量 x_1，

x_2, x_3, x_4 的系数列向量构成的矩阵 $N = (P_1, P_2, P_3, P_4) = \begin{bmatrix} -4 & 3 & 1 & -1 \\ 1 & -1 & 2 & 0 \\ 2 & -2 & 1 & 0 \end{bmatrix}$，$c_B =$

$(c_6, c_5, c_7) = (M, 0, M)$，$c_N = (c_1, c_2, c_3, c_4) = (-3, -2, 1, 0,)$.

计算检验向量

$$\lambda_N = (\lambda_1, \lambda_2, \lambda_3, \lambda_4) = c_B N - c_N = c_B(P_1, P_2, P_3, P_4) - (c_1, c_2, c_3, c_4)$$

$$= (M, 0, M) \begin{bmatrix} -4 & 3 & 1 & -1 \\ 1 & -1 & 2 & 0 \\ 2 & -2 & 1 & 0 \end{bmatrix} - (-3, -2, 1, 0,)$$

$$= (-2M, M, 2M, -M) - (-3, -2, 1, 0,)$$

$$= (3 - 2M, 2 + M, 2M - 1, -M)$$

计算目标函数值 $z' = c_B b = (c_6, c_5, c_7) \begin{bmatrix} b_1 \\ b_2 \\ b_3 \end{bmatrix} = 5M.$

用前面介绍的单纯形法求解，对应于基 B 的单纯形表如表 4-13.

表 4-13

		x_1	x_2	x_3	x_4	x_5	x_6	x_7
z'	$5M$	$3 - 2M$	$M + 2$	$2M - 1$	$-M$	0	0	0
x_6	4	-4	3	1	-1	0	1	0
x_5	10	1	-1	2	0	1	0	0
x_7	1	2	-2	$\boxed{1}$	0	0	0	1

由表 4-13 可知：初始基础可行解

$$x = (x_1, x_2, x_3, x_4, x_5, x_6, x_7)^T = (0, 0, 0, 0, 10, 4, 1)^T,$$

且检验数 $\lambda_2 = M + 2$，　$\lambda_3 = 2M - 1$ 均大于零，需要进行换基迭代.

由于 $\max\{\lambda_2, \lambda_3\} = \max\{M + 2, 2M - 1\} = 2M - 1 = \lambda_3$，所以对应的 x_3 为换入变量；而由 $\min\left\{\dfrac{b_1}{a_{13}}, \dfrac{b_2}{a_{23}}, \dfrac{b_3}{a_{33}}\right\} = \min\left\{\dfrac{4}{1}, \dfrac{10}{2}, \dfrac{1}{1}\right\} = \dfrac{1}{1} = \dfrac{b_3}{a_{33}}$ 知：对应的 x_7 为换出变量.

以元素 $a_{33} = 1$ 为主元素进行旋转变换，即先将换出基变量 x_7 位置上的变量 x_7 改为换入基变量 x_3，其余的基变量不变，然后施行矩阵的初等行变换，将元素 $a_{33} = 1$ 所在列

的 $a_{33} = 1$ 变为 1，其余元素均变为 0；另外人工变量 x_7 现在已是非基变量，可以从单纯形表中剔除，得新的单纯形表（如表 4-14）.

表 4-14

		x_1	x_2	x_3	x_4	x_5	x_6	x_7
z'	$3M+1$	$5-6M$	$5M$	0	$-M$	0	0	
x_6	3	-6	$\boxed{5}$	0	-1	0	1	
x_5	8	-3	3	0	0	1	0	
x_3	1	2	-2	1	0	0	0	

由表 4-14 可知，此时基础可行解 $x = (x_1, x_2, x_3, x_4, x_5, x_6)^\mathrm{T} = (0, 0, 1, 0, 8, 3)^\mathrm{T}$，检验数 $\lambda_2 = 5M$ 大于零，需要继续进行换基迭代.

将 λ_2 对应的 x_2 为换入变量；由 $\min\left\{\dfrac{b'_1}{a'_{12}}, \dfrac{b'_2}{a'_{22}}\right\} = \min\left\{\dfrac{3}{5}, \dfrac{8}{3}\right\} = \dfrac{3}{5} = \dfrac{b'_1}{a'_{12}}$（因 $a'_{32} = -2 < 0$，所以不用计算 $\dfrac{b'_3}{a'_{32}}$）知，对应的 x_6 为换出变量；以元素 $a'_{12} = 5$ 为主元素进行旋转变换，即先将换出基变量 x_6 位置上的变量 x_6 改为换入基变量 x_2，其余的基变量不变，然后用矩阵的初等行变换法将元素 $a'_{12} = 5$ 所在列，除将元素 $a'_{12} = 5$ 变为 1 以外，其余元素均变为 0. 另外，人工变量 x_6 现在已是非基变量，可以从单纯形表中剔除，得新的单纯形表如表 4-15.

表 4-15

		x_1	x_2	x_3	x_4	x_5	x_6	x_7
z'	1	5	0	0	0	0		
x_2	$\dfrac{3}{5}$	$-\dfrac{6}{5}$	1	0	$-\dfrac{1}{5}$	0		
x_5	$\dfrac{31}{5}$	$\boxed{\dfrac{3}{5}}$	0	0	$\dfrac{3}{5}$	1		
x_3	$\dfrac{11}{5}$	$-\dfrac{2}{5}$	0	1	$-\dfrac{2}{5}$	0		

由表 4-15 可知：此时基础可行解 $x = (x_1, x_2, x_3, x_4, x_5)^\mathrm{T} = (0, \dfrac{3}{5}, \dfrac{11}{5}, 0, \dfrac{31}{5})^\mathrm{T}$，检验数 $\lambda_1 = 5$ 大于零，需要继续进行换基迭代.

λ_1 对应的 x_1 为换入变量；由 $P''_1 = (-\dfrac{6}{5}, \dfrac{3}{5}, -\dfrac{2}{5})^\mathrm{T}$ 中只有 $a''_{21} = \dfrac{3}{5} > 0$ 知：对

应的 x_5 为换出变量；以元素 $a''_{21} = \frac{3}{5}$ 为主元素进行旋转变换，即先将换出基变量 x_5 位置上的变量 x_5 改为换入基变量 x_1，其余的基变量不变，然后用矩阵的初等行变换法将元素 $a''_{21} = \frac{3}{5}$ 所在列，除将元素 $a''_{21} = \frac{3}{5}$ 变为 1 以外，其余元素均变为 0，得新的单纯形表如表 4-16.

表 4-16

		x_1	x_2	x_3	x_4	x_5	x_6	x_7
z'	$-\frac{152}{3}$	0	0	0	-5	$-\frac{25}{3}$		
x_2	13	0	1	0	1	2		
x_1	$\frac{31}{3}$	1	0	0	1	$\frac{5}{3}$		
x_3	$\frac{19}{3}$	0	0	1	0	$\frac{2}{3}$		

由表 4-16 知，所有检验数非正，得到原线性规划问题的最优解

$$x^* = (x_1, x_2, x_3)^{\mathrm{T}} = (\frac{31}{3}, 13, \frac{19}{3})^{\mathrm{T}}, \text{最优值 } z^* = -z' = \frac{152}{3}.$$

注意 这里的 M 是一个很大的抽象的正数，不需要给出具体的数值，可以理解为它能够大于任何一个给定的正数即可.

例 2 用大 M 法求解线性规划问题

$$\min z = 5x_1 - 8x_2$$
$$\begin{cases} 3x_1 + x_2 \leqslant 6 \\ x_1 - 2x_2 \geqslant 4. \\ x_1, x_2 \geqslant 0 \end{cases}$$

解 加入松弛变量 x_3, x_4，将线性规划问题化为标准形，得到线性规划问题 Ⅰ：

$$\min z = 5x_1 - 8x_2$$
$$\begin{cases} 3x_1 + x_2 + x_3 = 6 \\ x_1 - 2x_2 - x_4 = 4 \\ x_j \geqslant 0, j = 1, 2, \cdots, 4 \end{cases}.$$

在第二个方程中加入人工变量 x_5，目标函数中加上 Mx_5 一项. 得到线性规划问题 Ⅱ：

$$\min z = 5x_1 - 8x_2 + Mx_5$$

$$\begin{cases} 3x_1 + x_2 + x_3 = 6 \\ x_1 - 2x_2 - x_4 + x_5 = 4. \\ x_j \geqslant 0, j = 1, 2, \cdots, 5 \end{cases}$$

用单纯形法计算得表 4-17.

表 4-17

		x_1	x_2	x_3	x_4	x_5
z	$4M$	$M-5$	$8-2M$	0	$-M$	0
x_3	6	3	1	1	0	0
x_5	4	1	-2	0	-1	1
z	$10+2M$	0	$\frac{29}{3}-\frac{7}{3}M$	$\frac{5}{3}-\frac{1}{3}M$	$-M$	0
x_1	2	1	$\frac{1}{3}$	$\frac{1}{3}$	0	
x_5	2	0	$-\frac{7}{3}$	$-\frac{1}{3}$	-1	

表 4-17 中的检验数 $\lambda_j \leqslant 0$ $(j = 1, 2, 3, 4, 5)$,从而得到线性规划问题 Ⅱ 的最优解 $x^* = (2, 0, 0, 0, 2)^{\mathrm{T}}$,最优值 $z = 10 + 2M$ 不可能极小,且最优解中含有人工变量 $x_5 \neq 0$,说明这个解是假的最优解.因而不满足线性规划问题 Ⅱ 的约束条件,说明原问题无可行解.

二、两阶段单纯形法

两阶段单纯形法引入人工变量的目的和原则与大 M 法类似,所不同的是处理人工变量的方法:将人工变量从基变量中换出,以求出原问题的初始基础可行解.将问题分成两个阶段求解,第一阶段的目标函数是

$$\min w = \sum_{i=1}^{m} R_i \quad \text{其中 } R_i \text{ 为人工变量.}$$

约束条件是加入人工变量后的约束方程,当 $w = 0$ 且第一阶段的最优解中没有人工变量作基变量时,得到原线性规划的一个基础可行解;第二阶段以此为基础对原目标函数求最优解.当第一阶段的最优解 $w \neq 0$ 时,说明还有不为零的人工变量是基变量,则原问题无可行解.

两阶段单纯形法的具体步骤是:

①求解一个辅助线性规划.目标函数取所有人工变量之和,并取最小值;约束条件

是原问题中引入人工变量后包含单位矩阵的标准形的约束条件.如果辅助线性规划问题存在一个基础最优解,且使目标函数的最小值等于零,则所有人工变量都已经"离基".表明原问题已经得了一个初始的基础可行解,可转入第二阶段继续计算;否则说明原问题没有可行解,可停止计算.

②求原问题的最优解.在第一阶段已求得原问题的一个初始基础可行解的基础上,继续用单纯形法求原问题的最优解.

例 3 用两阶段法求解线性规划问题

$$\max z = -x_1 + 2x_2$$

$$\begin{cases} x_1 + x_2 \geqslant 2 \\ -x_1 + x_2 \geqslant 1 \\ x_2 \leqslant 3 \\ x_1, x_2 \geqslant 0 \end{cases}.$$

解 首先将原问题化为标准形,得到线性规划问题 Ⅰ:

$$\min z' = x_1 - 2x_2$$

$$\begin{cases} x_1 + x_2 - x_3 = 2 \\ -x_1 + x_2 - x_4 = 1 \\ x_2 + x_5 = 3 \\ x_j \geqslant 0, j = 1, 2, \cdots, 5 \end{cases},$$

在第一、二个约束条件添加人工变量 x_6, x_7,并建立辅助线性规划,即得线性规划问题 Ⅱ:

$$\min w = x_6 + x_7$$

$$\begin{cases} x_1 + x_2 - x_3 + x_6 = 2 \\ -x_1 + x_2 - x_4 + x_7 = 1 \\ x_2 + x_5 = 3 \\ x_j \geqslant 0, j = 1, 2, \cdots, 7 \end{cases}.$$

容易看出,在线性规划问题 Ⅱ 中

$$c = (0, 0, 0, 0, 0, 1, 1),$$

$$A = \begin{pmatrix} 1 & 1 & -1 & 0 & 0 & 1 & 0 \\ -1 & 1 & 0 & -1 & 0 & 0 & 1 \\ 0 & 1 & 0 & 0 & 1 & 0 & 0 \end{pmatrix}, b = \begin{pmatrix} b_1 \\ b_2 \\ b_3 \end{pmatrix} = \begin{pmatrix} 2 \\ 1 \\ 3 \end{pmatrix},$$

取初始可行基 $B = (P_6, P_7, P_5) = \begin{pmatrix} 1 & 0 & 0 \\ 0 & 1 & 0 \\ 0 & 0 & 1 \end{pmatrix}$,初始基变量为 x_5, x_6, x_7,非基变量 x_1,

x_2, x_3, x_4 的系数列向量构成的矩阵为

$$N = (P_1, P_2, P_3, P_4) = \begin{pmatrix} 1 & 1 & -1 & 0 \\ -1 & 1 & 0 & -1 \\ 0 & 1 & 0 & 0 \end{pmatrix},$$

$$c_B = (c_6, c_7, c_5) = (1, 1, 0),$$

$$c_N = (c_1, c_2, c_3, c_4) = (0, 0, 0, 0).$$

计算检验向量

$$\lambda_N = (\lambda_1, \lambda_2, \lambda_3, \lambda_4) = c_B N - c_N = c_B(P_1, P_2, P_3, P_4) - (c_1, c_2, c_3, c_4)$$
$$= (0, \quad 2, -1, -1),$$

并计算目标函数值

$$z' = c_B b = (c_6, c_5, c_7) \begin{pmatrix} b_1 \\ b_2 \\ b_3 \end{pmatrix} = 3.$$

用前面介绍的单纯形法求解,计算得到第一阶段问题(线性规划问题Ⅱ)的单纯形表如表 4-18.

表 4-18

		x_1	x_2	x_3	x_4	x_5	x_6	x_7
w	3	0	2	-1	-1	0	0	0
x_6	2	1	1	-1	0	0	1	0
x_7	1	-1	$\boxed{1}$	0	-1	0	0	1
x_5	3	0	1	0	0	1	0	0
w	1	2	0	-1	1	0	0	
x_6	1	$\boxed{2}$	0	-1	1	0	1	
x_2	1	-1	1	0	-1	0	0	
x_5	2	1	0	0	1	1	0	
w	0	0	0	0	0	0		
x_1	$\frac{1}{2}$	1	0	$-\frac{1}{2}$	$\frac{1}{2}$	0		
x_2	$\frac{3}{2}$	0	1	$-\frac{1}{2}$	$-\frac{1}{2}$	0		
x_5	$\frac{3}{2}$	0	0	$\frac{1}{2}$	$\frac{1}{2}$	1		

由表 4-18 知,线性规划问题 Ⅱ 的所有检验数 $\lambda_N = c_B N - c_N \leqslant 0$,且 $w = 0$. 这时线性规划问题 Ⅰ 已得一个初始基础可行解 $x = (\frac{1}{2}, \frac{3}{2}, 0, 0, \frac{3}{2})^\top$,线性规划问题 Ⅱ 的最优值为 $\min w = 0$.

通过第一阶段的若干次旋转变换,线性规划问题 Ⅰ 的约束方程组已变换成包含一个单位矩阵的约束方程组,该约束方程组可作为第二阶段初始约束方程组. 即由线性规划问题 Ⅰ 的约束方程组

$$\begin{cases} x_1 + x_2 - x_3 = 2 \\ -x_1 + x_2 - x_4 = 1 \\ x_2 + x_5 = 3 \\ x_j \geqslant 0, \ j = 1, \cdots, 5 \end{cases}$$

已变换成包含单位矩阵的第二阶段的约束方程组

$$\begin{cases} x_1 - \dfrac{1}{2}x_3 + \dfrac{1}{2}x_4 = \dfrac{1}{2} \\ x_2 - \dfrac{1}{2}x_3 - \dfrac{1}{2}x_4 = \dfrac{3}{2} \\ \dfrac{1}{2}x_3 + \dfrac{1}{2}x_4 + x_5 = \dfrac{3}{2} \\ x_j \geqslant 0, \quad j = 1, 2, \cdots, 5 \end{cases}.$$

第一阶段表 4-18 的最后一个最优表说明,找到了原问题的一个基础可行解. 将它作为初始基础可行解,去求线性规划问题 Ⅰ 的最优解:将目标函数还原成线性规划问题 Ⅰ 的目标函数 $\min z' = x_1 - 2x_2$,可继续利用单纯形表求解(如表 4-19). 此时,$c = (1, -2, 0, 0, 0)$,可行基 $B' = (P_1, P_2, P_5) = \begin{bmatrix} 1 & 0 & 0 \\ 0 & 1 & 0 \\ 0 & 0 & 1 \end{bmatrix}$,基变量为 x_1, x_2, x_5,非基变量 x_3, x_4 的系数列向量构成的矩阵

$$N' = (P_3, P_4) = \begin{bmatrix} -\dfrac{1}{2} & \dfrac{1}{2} \\ -\dfrac{1}{2} & -\dfrac{1}{2} \\ \dfrac{1}{2} & \dfrac{1}{2} \end{bmatrix},$$

$$c_{B'} = (c_1, c_2, c_5) = (1, -2, 0), c_{N'} = (c_3, c_4) = (0, 0), b' = \begin{pmatrix} b_1 \\ b_2 \\ b_3 \end{pmatrix} = \begin{pmatrix} \dfrac{1}{2} \\ \dfrac{3}{2} \\ \dfrac{3}{2} \end{pmatrix}.$$

计算检验向量 $\lambda_{N'} = (\lambda_3, \lambda_4) = c_{B'} N' - c_{N'} = c_{B'}(P_3, P_4) - (c_3, c_4) = (\dfrac{1}{2}, \dfrac{3}{2})$，计算目标函数值

$$z' = c_{B'} b' = (c_1, c_2, c_5) \begin{pmatrix} b_1 \\ b_2 \\ b_3 \end{pmatrix} = -\dfrac{5}{2}.$$

用前面介绍的单纯形法求解，计算得到线性规划问题 I 的单纯形表如表 4-19.

表 4-19

		x_1	x_2	x_3	x_4	x_5
z'	$-\dfrac{5}{2}$	0	0	$\dfrac{1}{2}$	$\dfrac{3}{2}$	0
x_1	$\dfrac{1}{2}$	1	0	$-\dfrac{1}{2}$	$\boxed{\dfrac{1}{2}}$	0
x_2	$\dfrac{3}{2}$	0	1	$-\dfrac{1}{2}$	$-\dfrac{1}{2}$	0
x_5	$\dfrac{3}{2}$	0	0	$\dfrac{1}{2}$	$\dfrac{1}{2}$	0
z'	-4	-3	0	2	0	0
x_4	1	2	0	-1	1	0
x_2	2	1	1	-1	0	0
x_5	1	-1	0	$\boxed{1}$	0	1
z'	-6	-1	0	0	0	-2
x_4	2	1	0	0	1	1
x_2	3	0	1	0	0	1
x_3	1	-1	0	1	0	1

由表 4-19 的最后四行给出的最优单纯形表可得原线性规划问题的最优解 $x^* = (0, 3)^{\mathrm{T}}$，最优目标函数值 $z = -z' = 6$.

例 4 用两阶段法求解本节例 2 线性规划问题.

解 第一阶段问题为

$$\min w = x_5$$

$$\begin{cases} 3x_1 + x_2 + x_3 = 6 \\ x_1 - 2x_2 - x_4 + x_5 = 4, \\ x_j \geqslant 0, j = 1, 2, \cdots, 5 \end{cases}$$

用单纯形法计算得表 4-20.

表 4-20

		x_1	x_2	x_3	x_4	x_5
w	4	1	-2	0	-1	0
x_3	6	$\boxed{3}$	1	1	0	0
x_5	4	1	-2	0	-1	1
w	2	0	$-\dfrac{7}{3}$	$-\dfrac{1}{3}$	-1	0
x_1	2	1	$\dfrac{1}{3}$	$\dfrac{1}{3}$	0	0
x_5	2	0	$-\dfrac{7}{3}$	$-\dfrac{1}{3}$	-1	1

从表 4-20 的最后三行给出的最优单纯形表中,所有检验数 $\lambda_j \leqslant 0$,得到第一阶段的最优解 $x^* = (2,0,0,0,2)^\mathrm{T}$,最优目标值 $w = 2 \neq 0$,且人工变量 x_5 仍在基变量中,从而原问题无可行解.

通过大 M 法或两阶段法求初始的基础可行解时,如果在大 M 法的最优单纯形表的基变量中仍含有人工变量(如本节例 2),或者两阶段法的第一阶段辅助线性规划在最优单纯形表中目标函数的极小值大于零(如本节例 4),那么该线性规划就不存在可行解.

人工变量的值不能取零,说明了原线性规划的数学模型中,约束条件出现了相互矛盾的约束方程.此时线性规划问题的可行域为空集.

三、线性规划问题的进一步讨论

定义 当线性规划问题的基础可行解中有一个或多个基变量取零值时,称此基础可行解为退化的基础可行解.

产生的原因 在单纯形法计算中用最小比值原则确定换出变量时,有时存在两个或两个以上相同的最小比值,那么在下次迭代中就会出现一个甚至多个基变量等于零.

遇到的问题　当某个基变量取值为零,且下次迭代以该基变量作为换出变量时,目标函数并不能因此得到任何改变(由旋转变换性质可知,任何一个换入变量只能仍取零值,其他基变量的取值保持不变).通过基变换前后,两个退化的基础可行解的向量形式完全相同.从几何角度来讲,这两个退化的基础可行解对应于线性规划可行域的同一个顶点.

解决的办法　用最小比值原则计算时,如果存在两个及两个以上相同的最小比值,一般选取下标最大的基变量为换出变量,按此方法进行迭代一定能避免循环现象的产生.

例 5　求解线性规划问题

$$\max z = 3x_1 - 80x_2 + 2x_3 - 24x_4$$

$$\begin{cases} x_1 - 32x_2 - 4x_3 + 36x_4 \leqslant 0 \\ x_1 - 24x_2 - x_3 + 6x_4 \leqslant 0 \\ x_3 \leqslant 1 \\ x_j \geqslant 0, j = 1, 2, 3, 4 \end{cases}$$

解　引入松弛变量 x_5, x_6, x_7 为化标准形

$$\min z' = -3x_1 + 80x_2 - 2x_3 + 24x_4$$

$$\begin{cases} x_1 - 32x_2 - 4x_3 + 36x_4 + x_5 = 0 \\ x_1 - 24x_2 - x_3 + 6x_4 + x_6 = 0 \\ x_3 + x_7 = 1 \\ x_j \geqslant 0, j = 1, 2, \cdots, 7 \end{cases},$$

用单纯形法计算如表 4-21.

表 4-21

		x_1	x_2	x_3	x_4	x_5	x_6	x_7
z'	0	3	-80	2	-24	0	0	0
x_5	0	1	-32	-4	36	1	0	0
x_6	0	1	-24	-1	6	0	1	0
x_7	1	0	0	1	0	0	0	1

表 4-21 中的检验数 $\lambda_1 = 3 > 0$ 是正检验数中最大的,所以对应的非基变量 x_1 是进基变量.但在用最小比值原则确定换出变量时,$\dfrac{b_1}{a_{11}} = \dfrac{b_2}{a_{21}} = \dfrac{0}{1} = 0$ 比值相等,这时应选取下标最大的基变量为换出变量,故选下标为 6 的基变量 x_6 为离基变量,换基迭代

如表 4-22.

表 4-22

		x_1	x_2	x_3	x_4	x_5	x_6	x_7
z'	0	0	-8	5	-42	0	-3	0
x_5	0	0	-8	-3	30	1	-1	0
x_1	0	1	-24	-1	6	0	1	0
x_7	1	0	0	$\boxed{1}$	0	0	0	1
z'	-5	0	-8	0	-42	0	-3	-5
x_5	3	0	-8	0	30	1	-1	3
x_1	1	1	-24	0	6	0	1	0
x_3	1	0	0	1	0	0	0	1

由表 4-22 最后四行给出的最优单纯形表中知:原问题的最优解为 $x^* = (1,0,1,0)^T$,目标函数值 $\max z = -\min z' = 5$.

第四节 改进的单纯形方法*

一、改进单纯形法的特点

利用单纯形表求解线性规划时,每一次迭代都需要把整个单纯形表计算一遍,但事实上我们关心以下一些数据.

(1)基础可行解 $x_B = B^{-1}b$,其相应的目标函数值 $z = c_B B^{-1}b$;

(2)非基变量检验数 $\lambda_N = c_B B^{-1}N - c_N$,及其换入变量 x_k 和换出变量 x_l.

设 $\max\{\lambda_j \mid \lambda_j > 0\} = \lambda_k$,$j$ 为非基变量下标,则由检验数 λ_k 确定了换入基变量 x_k,同时也确定了主元列元素 $B^{-1}P_k$,再由主元列元素 $B^{-1}P_k$,得

$$\min\left\{\frac{(B^{-1}b)_i}{(B^{-1}P_k)_i} \,\middle|\, (B^{-1}P_k)_i > 0, i \text{ 为基变量下标}\right\} = \frac{(B^{-1}b)_l}{(B^{-1}P_k)_l},$$

确定被换出的基变量 x_l. 由此可得到一组新的基变量以及新的可行基 B_1.

对任一个基础可行解 x,只要知道了 B^{-1},上述的关键数据都可以从线性规划问题的初始数据直接计算出来. 因此,如何计算基础可行解 x 对应的可行基 B 的逆阵 B^{-1},即成为改进单纯形法的关键.

为改进单纯形法,可以导出从可行基 B 变换到 B_1 时 B^{-1} 到 B_1^{-1} 的变换公式. 当初始可行基为单位矩阵 E 时,变换公式将更具有优越性,因为这样可以避免矩阵求逆的

麻烦.

下面推导从 B^{-1} 到 B_1^{-1} 的变换公式,假设当前基

$$B = (P_1, P_2, \cdots, P_{l-1}, \boxed{P_l}, P_{l+1}, \cdots P_m),$$

在基变换中用非基变量 x_k 取代基变量 x_l,可得新基

$$B_1 = (P_1, P_2, \cdots, P_{l-1}, \boxed{P_k}, P_{l+1}, \cdots P_m)$$

前后两个基相比仅相差一列,且

$$B^{-1}B = (B^{-1}P_1, B^{-1}P_2, \cdots, B^{-1}P_{l-1}, \boxed{B^{-1}P_l}, B^{-1}P_{l+1}, \cdots B^{-1}P_m)$$

$$= \begin{pmatrix} 1 & & \bullet & & 0 \\ \bullet & & \ddots & & \bullet \\ 0 & & \bullet & & 1 \end{pmatrix}_{m \times m},$$

$$B^{-1}B_1 = (B^{-1}P_1, B^{-1}P_2, \cdots, B^{-1}P_{l-1}, B^{-1}P_k, B^{-1}P_{l+1}, \cdots B^{-1}P_m)$$

$$= (e_1, e_2, \cdots, e_{l-1}, B^{-1}P_k, e_{l+1}, \cdots, e_m),$$

其中 e_i 表示第 i 个元素为 1,其他元素均为零的单位列向量,$B^{-1}P_k$ 为主元列元素.

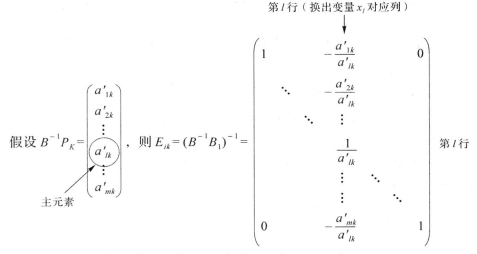

所以,由 $E_{lk} = (B^{-1}B_1)^{-1} = B_1^{-1}B$ 可以推出:$B_1^{-1} = E_{lk}B^{-1}$.

二、改进单纯形法的步骤

①根据给出的线性规划问题的标准形,确定初始基变量和初始可行基 B. 求初始可行基 B 的逆阵 B^{-1},得初始基础可行解

$$x_B = B^{-1}b, \quad x_N = 0;$$

②计算单纯形乘子 $\pi = c_B B^{-1}$,得目标函数当前值 $z = c_B B^{-1}b = \pi b$;

③计算非基变量检验数 $\lambda_N = c_B B^{-1} N - c_N = \pi N - c_N$. 若 $\lambda_N \leqslant 0$, 则当前解已是最优解, 停止计算; 否则转下一步;

④根据 $\max\{\lambda_j \mid \lambda_j > 0\} = \lambda_k$, 确定非基变量 x_k 为换入变量, 计算 $B^{-1}P_k$. 若 $B^{-1}P_k \leqslant 0$, 则问题没有有限最优解; 停止计算, 否则转下一步;

⑤根据 $\min\left\{\dfrac{(B^{-1}b)_i}{(B^{-1}P_k)_i} \,\middle|\, (B^{-1}P_k)_i > 0, \right\} = \dfrac{(B^{-1}b)_l}{(B^{-1}P_k)_l}$, 确定基变量 x_l 为换出变量;

⑥用 P_k 替代 P_l 得新基 B_1, 由变换公式 $B_1^{-1} = E_{lk} B^{-1}$ 计算新基的逆矩阵 B_1^{-1}, 求出新的基础可行解. 其中 E_{lk} 为变换矩阵, 其构造方法是: 从一个单位矩阵出发, 把换出变量 x_l 在基 B 中的对应列的单位向量, 替换成换入变量 x_k 对应的系数列向量 $B^{-1}P_k$, 并作如下变形: 主元素 a'_{lk}(应在主对角线上)取倒数, 其他元素除以主元素 a'_{lk} 并取相反数.

重复步骤②～⑥, 直至求得最优解.

用改进的单纯形法求解线性规划问题的流程图为

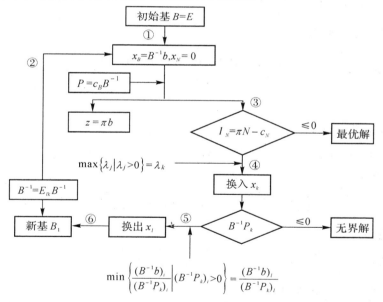

例 1　试用改进单纯形法求解线性规划问题

$$\max z = 3x_1 + 2x_2$$

$$\begin{cases} x_1 + x_2 + x_3 = 40 \\ 2x_1 + x_2 + x_4 = 60. \\ x_1, x_2, x_3, x_4 \geqslant 0 \end{cases}$$

解　化为标准形

$$\min z' = -3x_1 - 2x_2$$

$$\begin{cases} x_1 + x_2 + x_3 = 40 \\ 2x_1 + x_2 + x_4 = 60, \\ x_1, x_2, x_3, x_4 \geqslant 0 \end{cases}$$

其中 $c = (-3, -2, 0, 0)$，$A = \begin{pmatrix} 1 & 1 & 1 & 0 \\ 2 & 1 & 0 & 1 \end{pmatrix}$，$b = \begin{pmatrix} 40 \\ 60 \end{pmatrix}$。

①观察法确定 $B_0 = (P_3, P_4) = \begin{pmatrix} 1 & 0 \\ 0 & 1 \end{pmatrix}$，$x_3, x_4$ 为基变量，x_1, x_2 为非基变量，

$$B_0^{-1} = \begin{pmatrix} 1 & 0 \\ 0 & 1 \end{pmatrix}, \quad x_B = B_0^{-1}b = \begin{pmatrix} 1 & 0 \\ 0 & 1 \end{pmatrix}\begin{pmatrix} 40 \\ 60 \end{pmatrix} = \begin{pmatrix} 40 \\ 60 \end{pmatrix}, \quad x_0 = (0, 0, 40, 60)^T$$

②计算单纯形乘子 $\pi_0 = c_B B_0^{-1} = (c_3, c_4)B_0^{-1} = (0, 0)\begin{pmatrix} 1 & 0 \\ 0 & 1 \end{pmatrix} = (0, 0)$，当前目标

函数值 $z'_0 = \pi_0 b = (0, 0)\begin{pmatrix} 40 \\ 60 \end{pmatrix} = 0$。

③非基变量检验数

$$\lambda_N = \pi_0 N - c_N = \pi_0(P_1, P_2) - (c_1, c_2) = (0, 0)\begin{pmatrix} 1 & 1 \\ 2 & 1 \end{pmatrix} - (-3, -2) = (3, 2)$$

$$\begin{matrix} \uparrow & \uparrow \\ \lambda_1 & \lambda_2 \end{matrix}$$

④选择换入变量

$$\max\{\lambda_j | \lambda_j > 0\} = \{3, 2\} = 3,$$

故 x_1 为换入变量.

计算 $B_0^{-1}P_1 = \begin{pmatrix} 1 & 0 \\ 0 & 1 \end{pmatrix}\begin{pmatrix} 1 \\ 2 \end{pmatrix} = \begin{pmatrix} 1 \\ 2 \end{pmatrix} > 0$，$x_B = B_0^{-1}b = \begin{pmatrix} 40 \\ 60 \end{pmatrix}$，$B_0^{-1}P_1 = \begin{pmatrix} 1 \\ 2 \end{pmatrix}$.

⑤确定换出变量

$$\min\left\{ \frac{(B_0^{-1}b)_3}{(B_0^{-1}P_1)_3}, \frac{(B_0^{-1}b)_4}{(B_0^{-1}P_1)_4} \right\} = \left\{ \frac{40}{1}, \frac{60}{2} \right\} = \frac{60}{2},$$

确定 x_4 为换出变量，主元素 = 2.

用 P_1 代替 P_4 得新可行基 $B_1 = (P_3, P_1) = \begin{pmatrix} 1 & 1 \\ 0 & 2 \end{pmatrix}$，$x_3, x_1$ 为基变量，x_2, x_4 为非基变量，

$$B_1^{-1} = E_{41}B_0^{-1} = \begin{pmatrix} 1 & -\frac{1}{2} \\ 0 & \frac{1}{2} \end{pmatrix}\begin{pmatrix} 1 & 0 \\ 0 & 1 \end{pmatrix} = \begin{pmatrix} 1 & -\frac{1}{2} \\ 0 & \frac{1}{2} \end{pmatrix},$$

重复以上步骤,进入第次二循环:

(2-1)　　$x_{B_1} = B_1^{-1}b = \begin{pmatrix} 1 & -\dfrac{1}{2} \\ 0 & \dfrac{1}{2} \end{pmatrix}\begin{pmatrix} 40 \\ 60 \end{pmatrix} = \begin{pmatrix} 10 \\ 30 \end{pmatrix}$, $x_1 = (30, 0, 10, 0)^{\mathsf{T}}$

(2-2)　　$\pi_1 = c_{B_1}B_1^{-1} = (c_3, c_1)B_1^{-1} = (0, -3)\begin{pmatrix} 1 & -\dfrac{1}{2} \\ 0 & \dfrac{1}{2} \end{pmatrix} = (0, -\dfrac{3}{2})$

$$z'_1 = \pi_1 b = (0, -\dfrac{3}{2})\begin{pmatrix} 40 \\ 60 \end{pmatrix} = -90$$

(2-3)　　$\lambda_N = \pi_1 N - c_N = \pi_1(P_2, P_4) - (c_2, c_4)$

$$= (0, -\dfrac{3}{2})\begin{pmatrix} 1 & 0 \\ 1 & 1 \end{pmatrix} - (-2, 0) = (-\dfrac{1}{2}, \dfrac{3}{2})$$

$$\underset{\lambda_2}{\uparrow} \quad \underset{\lambda_4}{\uparrow}$$

(2-4)选择 x_2 换入变量,计算

$$B_1^{-1}P_2 = \begin{pmatrix} 1 & -\dfrac{1}{2} \\ 0 & \dfrac{1}{2} \end{pmatrix}\begin{pmatrix} 1 \\ 1 \end{pmatrix} = \begin{pmatrix} \dfrac{1}{2} \\ \dfrac{1}{2} \end{pmatrix} > 0$$

(2-5)确定换出变量

$$\min\left\{ \dfrac{(B_1^{-1}b)_3}{(B_1^{-1}P_2)_3}, \dfrac{(B_1^{-1}b)_1}{(B_1^{-1}P_2)_1} \right\} = \left\{ \dfrac{10}{1/2}, \dfrac{30}{1/2} \right\} = \dfrac{10}{1/2}$$

选择 x_3 换出变量,主元素 $= (B_1^{-1}P_2)_3 = \dfrac{1}{2}$.

(2-6)用 P_2 代替 P_3 得新可行基 $B_2 = (P_2, P_1) = \begin{pmatrix} 1 & 1 \\ 1 & 2 \end{pmatrix}$, x_2, x_1 为新的基变量,
x_3, x_4 为新的非基变量,

$$B_2^{-1} = E_{32}B_1^{-1} = \begin{pmatrix} 2 & 0 \\ -1 & 1 \end{pmatrix}\begin{pmatrix} 1 & -\dfrac{1}{2} \\ 0 & \dfrac{1}{2} \end{pmatrix} = \begin{pmatrix} 2 & -1 \\ -1 & 1 \end{pmatrix}$$

进入第三次循环.

(3-1)　　$x_{B_2} = B_2^{-1}b = \begin{pmatrix} 2 & -1 \\ -1 & 1 \end{pmatrix}\begin{pmatrix} 40 \\ 60 \end{pmatrix} = \begin{pmatrix} 20 \\ 20 \end{pmatrix}$, $x_2 = (20, 20, 0, 0)^{\mathsf{T}}$

(3-2) $\pi_2 = c_{B_2} B_2^{-1} = (c_2, c_1) B_2^{-1} = (-2, -3) \begin{pmatrix} 2 & -1 \\ -1 & 1 \end{pmatrix} = (-1, -1)$

$$z'_2 = \pi_2 b = (-1, -1) \begin{pmatrix} 40 \\ 60 \end{pmatrix} = -100$$

(3-3) $\lambda_N = \pi_2 N - c_N = \pi_2 (P_3, P_4) - (c_3, c_4)$

$$= (-1, -1) \begin{pmatrix} 1 & 0 \\ 0 & 1 \end{pmatrix} - (0, 0) = (-1, -1)$$

$$\begin{array}{cc} \uparrow & \uparrow \\ \lambda_3 & \lambda_4 \end{array}$$

这里非基变量对应的检验数全部非正,故当前解 $x_2 = x^* = (20, 20, 0, 0)^{\mathrm{T}}$ 即为最优解,相应的目标函数最优值 $\max z = -\min z' = 100$.

【练习 4】

1. 求下面线性规划问题的初始基础可行解.

(1) $\max z = 3x_1 + 6x_2$

$$\begin{cases} -x_1 + x_2 \leqslant 2 \\ x_1 + 2x_2 \leqslant 6 \\ x_1, x_2 \geqslant 0 \end{cases} ;$$

(2) $\max z = 6x_1 + 4x_2$

$$\begin{cases} 2x_1 + 3x_2 \leqslant 100 \\ 4x_1 + 2x_2 \leqslant 120. \\ x_1, x_2 \geqslant 0 \end{cases}$$

2. 用本节给出的方法求解下列线性规划问题的最优解.

(1) $\max z = 5x_1 + 2x_2 + 3x_3 - x_4 + x_5$

$$\begin{cases} x_1 + 2x_2 + 2x_3 + x_4 = 8 \\ 3x_1 + 4x_2 + x_3 + x_5 = 7; \\ x_1, x_2, x_3, x_4, x_5 \geqslant 0 \end{cases}$$

(2) $\max z = 2x_1 + 3x_2$

$$\begin{cases} 2x_1 + 2x_2 \leqslant 12 \\ x_1 + 2x_2 \leqslant 8 \\ 4x_1 \leqslant 16 \\ 4x_2 \leqslant 12 \\ x_1, x_2 \geqslant 0 \end{cases} .$$

3. 用单纯形法求解下列线性规划问题.

(1) $\max z = 3x_1 + 5x_2$

$$\begin{cases} x_1 \leqslant 4 \\ 2x_2 \leqslant 12 \\ 3x_1 + 2x_2 \leqslant 18 \\ x_1, x_2 \geqslant 0 \end{cases} ;$$

(2) $\max z = 2x_1 - x_2 + x_3$

$$\begin{cases} 3x_1 + x_2 + x_3 \leqslant 60 \\ x_1 - x_2 + 2x_3 \leqslant 10 \\ x_1 + x_2 - x_3 \leqslant 20 \\ x_1, x_2, x_3 \geqslant 0 \end{cases} ;$$

(3) $\min z = x_1 - x_2 + x_3$

$$\begin{cases} x_1 + x_2 - 2x_3 \leqslant 2 \\ 2x_1 + x_2 + x_3 \leqslant 3 \\ -x_1 + x_3 \leqslant 4 \\ x_1, x_2, x_3 \geqslant 0 \end{cases}.$$

4. 用单纯形法求解下列线性规划问题,并指出解的情况.

(1) $\max z = -x_1 - x_2 + 4x_3$

$$\begin{cases} x_1 + x_2 + 2x_3 \leqslant 9 \\ x_1 + x_2 - x_3 \leqslant 2 \\ -x_1 + x_2 + x_3 \leqslant 4 \\ x_1, x_2, x_3 \geqslant 0 \end{cases};$$

(2) $\max z = 6x_1 + 2x_2 + 10x_3 + 8x_4$

$$\begin{cases} 5x_1 + 6x_2 - 4x_3 - 4x_4 \leqslant 20 \\ 3x_1 - 3x_2 + 2x_3 + 8x_4 \leqslant 25 \\ 4x_1 - 2x_2 + x_3 + 3x_4 \leqslant 10 \\ x_i \geqslant 0, i = 1, 2, 3, 4 \end{cases};$$

(3) $\min z = -x_1 - 2x_2$

$$\begin{cases} x_1 + x_3 = 4 \\ x_2 + x_4 = 3 \\ x_1 + 2x_2 + x_5 = 8 \\ x_j \geqslant 0, j = 1, 2, \cdots, 5 \end{cases}.$$

5. 用大 M 法求解下列线性规划问题

(1) $\min z = 40x_1 + 36x_2$

$$\begin{cases} x_1 \leqslant 8 \\ x_2 \leqslant 10 \\ 5x_1 + 3x_2 \geqslant 45 \\ x_1, x_2 \geqslant 0 \end{cases};$$

(2) $\min z = -3x_1 + x_2 + x_3$

$$\begin{cases} x_1 - 2x_2 + x_3 \leqslant 11 \\ -4x_1 + x_2 + 2x_3 \geqslant 3 \\ -2x_1 + x_3 = 1 \\ x_1, x_2, x_3 \geqslant 0 \end{cases};$$

(3) $\max z = -x_1 + 2x_2$

$$\begin{cases} x_1 + x_2 \geqslant 2 \\ -x_1 + x_2 \geqslant 1 \\ x_2 \leqslant 3 \\ x_1, x_2 \geqslant 0 \end{cases};$$

(4) $\min z = 3x_1 + 2x_2 + x_3$

$$\begin{cases} x_1 + x_2 + x_3 \leqslant 6 \\ x_1 - x_3 \geqslant 4 \\ x_2 - x_3 \geqslant 3 \\ x_1, x_2, x_3 \geqslant 0 \end{cases}.$$

6. 用两阶段法求解下列线性规划问题

(1) $\min z = 5x_1 + 21x_3$

$$\begin{cases} x_1 - x_2 + 6x_3 - x_4 = 2 \\ x_1 + x_2 + 2x_3 - x_5 = 1 \\ x_j \geqslant 0; j = 1, 2, \cdots, 5 \end{cases};$$

(2) $\max z = x_1 + 5x_2 + 3x_3$

$$\begin{cases} x_1 + 2x_2 + x_3 = 3 \\ 2x_1 - x_2 = 1 \\ x_j \geqslant 0; j = 1, 2, 3 \end{cases};$$

（3）$\min z = 2x_1 + 4x_2$

$$\begin{cases} 2x_1 - 3x_2 \geqslant 2 \\ -x_1 + x_2 \geqslant 3 ; \\ x_1, x_2 \geqslant 0 \end{cases}$$

（4）$\max z = 3x_1 - x_2 - x_3$

$$\begin{cases} x_1 - 2x_2 + x_3 \leqslant 11 \\ -4x_1 + x_2 + 2x_3 \geqslant 3 \\ -2x_1 + x_3 = 1 \\ x_1, x_2, x_3 \geqslant 0 \end{cases} .$$

7. 将线性规划问题

$$\min z = 3x_1 + 2x_2 - 6x_3$$

$$\begin{cases} 2x_1 - x_2 + 2x_3 \leqslant 2 \\ x_1 + 4x_3 \leqslant 3 \\ x_1, x_2, x_3 \geqslant 0 \end{cases}$$

表为矩阵形式,并利用基 $B = (P_1, P_3)$ 的逆 B^{-1}, 列出以 x_1, x_3 为基变量的单纯形表.

8. 用改进单纯形方法求解线性规划问题

$$\min z = -6x_1 + 2x_2 - x_3$$

$$\begin{cases} 2x_1 - x_2 + 2x_3 \leqslant 2 \\ x_1 + x_3 \leqslant 4 \\ x_1, x_2, x_3 \geqslant 0 \end{cases} .$$

第五章　线性规划的对偶理论

　　内涵一致但从相反角度提出的问题称为互为对偶问题.例如,我们可以问:当一个平面图形的周长一定时,什么形状的面积最大?答案当然是圆;但也可以这样来问:当一个平面图形的面积一定时,什么形状的周长最短?答案同样是圆.对偶现象相当普遍,它广泛地存在于数学、物理学、经济学等诸多领域.

　　随着线性规划理论的迅速发展,人们发现线性规划问题有一个很有趣的特征,即每一个线性规划问题都有和它相伴随的另一个问题.如果其中的某个问题称为原问题,则另一个问题称为其对偶问题.原问题与对偶问题有着非常密切的关系,以至于可以根据一个问题的最优解,得出另一个问题最优解的全部信息.然而,对偶性质远不仅是一种奇妙的对应关系,它在理论和实践上都有着广泛的应用.

　　本章主要内容:什么是对偶线性规划问题,对偶问题的基本概念及性质,线性规划问题中的影子价格及其应用,并在此基础上导出对偶单纯形方法.

第一节　对偶线性规划问题

一、对偶问题的提出

　　对偶理论是以对偶问题为基础进行研究的,因此必须首先了解对偶问题的提出.对偶问题可以从经济学和数学两个角度来提出,下面我们从经济学的角度直接提出对偶问题,有关对偶问题的经济学解释我们将在第三节给出.

　　首先通过一个例子来给出对偶线性规划问题的定义.

　　例 1　营养配餐问题

　　假定一个成年人每天需要从食物中获得 3000 千卡的热量、55 克蛋白质和 800 毫克的钙.如果市场上只有四种食品可供选择,它们每千克所含的热量和营养成分和市场价格见表 5-1.问如何选择才能在满足营养的前提下使购买食品的费用最少?

表 5-1　各种食物的营养成分表

序号	食品名称	热量(千卡)	蛋白质(克)	钙(毫克)	价格(元)
1	猪肉	1000	50	400	14
2	鸡蛋	800	60	200	6
3	大米	900	20	300	3
4	白菜	200	10	500	2

解　设 x_j 为第 j 种食品每天的购入量,则配餐问题的线性规划模型为

$$\min s = 14x_1 + 6x_2 + 3x_3 + 2x_4$$

$$\begin{cases} 1000x_1 + 800x_2 + 900x_3 + 200x_4 \geqslant 3000 \\ 50x_1 + 60x_2 + 20x_3 + 10x_4 \geqslant 55 \\ 400x_1 + 200x_2 + 300x_3 + 500x_4 \geqslant 800 \\ x_1, \cdots, x_4 \geqslant 0 \end{cases} \tag{5.1}$$

现在我们从另一个角度来讨论问题,假设市场上某厂商生产三种可代替食品中的热量、蛋白质和钙的营养素,该厂商希望它的产品既有市场竞争力,又能带来最大利润,因此需要构造一个模型来研究定价问题.

设 y_j 为第 j 种营养素单位营养量的价格,则最大利润问题的线性规划模型为

$$\max g = 3000y_1 + 55y_2 + 800y_3$$

$$\begin{cases} 1000y_1 + 50y_2 + 400y_3 \leqslant 14 \\ 800y_1 + 60y_2 + 200y_3 \leqslant 6 \\ 900y_1 + 20y_2 + 300y_3 \leqslant 3 \\ 200y_1 + 10y_2 + 500y_3 \leqslant 2 \\ y_1, \cdots, y_3 \geqslant 0 \end{cases} \tag{5.2}$$

目标函数反映厂商利润最大的目标,约束条件反映市场的竞争条件,即用于购买与某种食品营养价值相同的营养素的价格应小于该食品的市场价格.

线性规划问题(5.1)称为原问题,线性规划问题(5.2)称为线性规划问题(5.1)的对偶问题.

二、对称型线性规划问题的对偶问题

为了讨论方便,先讨论对称型线性规划问题的对偶问题.

具有以下特征的线性规划问题称为对称型线性规划问题:

(1)全部约束条件均为不等式.对极小化问题全部约束条件均为大于等于,对极大化问题全部约束条件均为小于等于;

（2）全部变量均为非负.

对称型线性规划问题的一般形式为

$$\min s = c_1 x_1 + c_2 x_2 + \cdots + c_n x_n$$

$$\begin{cases} a_{11} x_1 + a_{12} x_2 + \cdots + a_{1n} x_n \geqslant b_1 \\ \cdots\cdots \quad \cdots\cdots \\ a_{m1} x_1 + a_{m2} x_2 + \cdots + a_{mn} x_n \geqslant b_m \\ x_j \geqslant 0, j = 1, \cdots, n \end{cases},$$

(5.3)

其对应的对偶问题的一般形式为

$$\max g = b_1 y_1 + b_2 y_2 + \cdots + b_m y_m$$

$$\begin{cases} a_{11} y_1 + a_{21} y_2 + \cdots + a_{m1} y_m \leqslant c_1 \\ \cdots\cdots \quad \cdots\cdots \\ a_{1n} y_1 + a_{2n} y_2 + \cdots + a_{mn} y_m \leqslant c_n \\ y_i \geqslant 0, i = 1, \cdots, m \end{cases}.$$

(5.4)

若用矩阵符号表示,式(5.3)表示为

$$\min s = cx$$

$$\begin{cases} Ax \geqslant b \\ x \geqslant 0 \end{cases},$$

(5.5)

则其对应的对偶问题(5.4)可表示为

$$\max g = yb$$

$$\begin{cases} yA \leqslant c \\ y \geqslant 0 \end{cases},$$

(5.6)

其中

$$x = (x_1, x_2, \cdots, x_n)^{\mathrm{T}}$$
$$y = (y_1, y_2, \cdots, y_m)$$
$$c = (c_1, c_2, \cdots, c_n)$$
$$b = (b_1, b_2, \cdots, b_m)^{\mathrm{T}}$$
,
$$A = \begin{bmatrix} a_{11} & a_{12} & \cdots & a_{1n} \\ a_{21} & a_{22} & \cdots & a_{2n} \\ \vdots & \vdots & \ddots & \vdots \\ a_{m1} & a_{m2} & \cdots & a_{mn} \end{bmatrix}.$$

从原问题(见(5.3))及其对偶问题(见(5.4))可以看出,原问题与对偶问题有如下关系：

(1)目标函数不同,原问题是极小化,对偶问题是极大化；

(2)原问题中目标函数的系数变换为对偶问题的右端常数项,原问题的右端常数项变换为对偶问题的目标函数的系数；

(3)对偶问题的约束条件中,不等式改变了方向；

(4)原问题中约束条件的系数矩阵转置后成为对偶问题的约束条件的系数矩阵；

（5）原问题每个约束行对应于一个对偶变量，原问题每个变量对应于对偶问题的一个约束条件.

表 5-2 给出了这一对对偶线性规划问题的关系表.

表 5-2

	$x_1, x_2, \cdots, x_n$	原始约束	极大化 g
y_1	$a_{11}, a_{12}, \cdots, a_{1n}$	$\geqslant$	b_1
y_2	$a_{21}, a_{22}, \cdots, a_{2n}$	$\geqslant$	b_2
$\vdots$	$\cdots\cdots$		$\vdots$
y_m	$a_{m1}, a_{m2}, \cdots, a_{mn}$	$\geqslant$	b_m
对偶约束	$\leqslant, \leqslant, \cdots, \leqslant$		
极小化 s	$c_1, c_2, \cdots, c_n$		

对偶线性规划问题成对出现. 没有一个"对偶"的线性规划问题，也就无所谓"原始线性规划问题"；如果没有原始线性规划问题，也就无所谓对偶线性规划问题了. 线性规划的对偶关系具有"对合"性质，什么是对合性质呢？

因为

$$\max g = yb \Leftrightarrow \min s = -yb \Leftrightarrow \min s = -b^{\mathrm{T}} y^{\mathrm{T}},$$

$$yA \leqslant c \Leftrightarrow -yA \geqslant -c \Leftrightarrow -A^{\mathrm{T}} y^{\mathrm{T}} \geqslant -c^{\mathrm{T}},$$

$$y \geqslant 0 \Leftrightarrow y^{\mathrm{T}} \geqslant 0,$$

因而问题（5.6）可写成

$$\begin{cases} \min s = -b^{\mathrm{T}} y^{\mathrm{T}} \\ (-A^{\mathrm{T}}) y^{\mathrm{T}} \geqslant -c^{\mathrm{T}}. \\ y^{\mathrm{T}} \geqslant 0 \end{cases} \tag{5.7}$$

可见，（5.7）与（5.5）是同一类型的问题，依照定义，又可写出（5.7）的对偶线性规划

$$\begin{cases} \max g = x^{\mathrm{T}} (-c^{\mathrm{T}}) \\ x^{\mathrm{T}} (-A^{\mathrm{T}}) \leqslant -b^{\mathrm{T}}, \\ x^{\mathrm{T}} \geqslant 0 \end{cases} \tag{5.8}$$

（5.8）又可等价地写成

$$\begin{cases} \min s = cx \\ Ax \geqslant b, \\ x \geqslant 0 \end{cases}$$

这正好是（5.5）. 从而表明，对于一个给定的（5.5）可以根据对偶规划写出（5.6）；

而对于新问题(5.6),又可根据对偶规划写出其对偶.而此对偶又刚好回到原问题本身.即(5.5)的对偶是(5.6),(5.6)的对偶是(5.5).这就是线性规划对偶关系的"对合"性质.这样我们可以把一个相互对偶的线性规划中任何一个称为原问题,而把另一个称为对偶问题,称他们互为对偶.

下面我们举例说明怎样由一个规则写出其对偶问题.

例 2 求 $\min s = 5x_1 - 6x_2 + 7x_3 + x_4$

$$\begin{cases} x_1 + 2x_2 - x_3 - x_4 \geqslant -7 \\ 6x_1 - 3x_2 + x_3 + 7x_4 \geqslant 14 \\ -28x_1 - 17x_2 + 4x_3 + 2x_4 \leqslant -3 \\ x_1, x_2, x_3, x_4 \geqslant 0 \end{cases}$$

的对偶问题.

解 因目标函数最小化,故先把约束条件都写成"$\geqslant$"形式

$$\min s = 5x_1 - 6x_1 + 7x_3 + x_4$$

$$\begin{cases} x_1 + 2x_2 - x_3 - x_4 \geqslant -7 \\ 6x_1 - 3x_2 + x_3 + 7x_4 \geqslant 14 \\ 28x_1 + 17x_2 - 4x_3 - 2x_4 \geqslant 3 \\ x_1, x_2, x_3, x_4 \geqslant 0 \end{cases},$$

这样上述线性规划问题的对偶问题为

$$\max g = -7y_1 + 14y_2 + 3y_3$$

$$\begin{cases} y_1 + 6y_2 + 28y_3 \leqslant 5 \\ 2y_1 - 3y_2 + 17y_3 \leqslant -6 \\ -y_1 + y_2 - 4y_3 \leqslant 7 \\ -y_1 + 7y_2 - 2y_3 \leqslant 1 \\ y_1, y_2, y_3 \geqslant 0 \end{cases}.$$

三、非对称型线性规划问题的对偶问题

线性规划问题的表示是多种多样的,当然不一定都以对称的形式出现.例如,约束条件中并不一定是同方向的不等式约束,既有"大于等于"的形式,又有"小于等于"的形式,还有"等于"的形式;变量要求有非负限制,也可以非正或没有符号限制;对于以上情况,统称为非对称形式.

下面讨论在非对称形式下,原问题与其对偶问题的对应关系.

(1)若线性规划问题的某个约束为 $\sum_{j=1}^{n} a_{ij}x_j \leqslant b_i$,则在不等式两端同乘以 -1,其

约束条件变为 $-\sum_{j=1}^{n} a_{ij} x_j \geqslant -b_i$，再按对称形式写出它的对偶问题.

(2)若线性规划问题的某个约束为 $\sum_{j=1}^{n} a_{ij} x_j = b_i$，则用两个不等式约束

$$\sum_{j=1}^{n} a_{ij} x_j \geqslant b_i, \qquad -\sum_{j=1}^{n} a_{ij} x_j \geqslant -b_i$$

替代,然后再按对称形式写出它的对偶问题.

(3)若某个 x_j 无非负限制,则令 $x_j = x'_j - x''_j$，且 $x'_j \geqslant 0, x''_j \geqslant 0$. 然后再按对称形式的对偶问题写出它的对偶问题.

例 3　给出标准形式线性规划问题

$$\min z = cx,$$
$$\begin{cases} Ax = b \\ x \geqslant 0 \end{cases} \tag{5.9}$$

的对偶问题

解　将(5.9)改写成

$$\min z = cx,$$
$$\begin{cases} Ax \geqslant b \\ -Ax \geqslant -b, \\ x \geqslant 0 \end{cases}$$

再根据线性规划问题的对偶定义写出其对偶规划问题

$$\max g = \omega b - vb$$
$$\begin{cases} \omega A - vA \leqslant c \\ \omega > 0, v > 0 \end{cases}.$$

这就是线性规划问题的对偶线性规划问题. 这一线性规划问题还可进一步简化:引进 m 维行向量 $y: y = \omega - v$，那么 y 就不一定有非负约束了. 于是将上面线性规划问题写成

$$\max g = yb$$
$$\begin{cases} yA \leqslant c \\ y \text{ 无非负约束} \end{cases}. \tag{5.10}$$

例 4　写出线性规划问题

$$\min s = -x_1 - 2x_2 - 3x_3$$

$$\begin{cases} x_1 + x_2 + x_3 \leqslant 4 \\ x_1 - 2x_2 + 3x_3 \geqslant 5 \\ x_1 + 2x_2 - 3x_3 = 6 \\ x_1, x_2, x_3 \geqslant 0 \end{cases}$$

的对偶问题.

解　首先将其转化成对称形式

(1)将第一个不等式两边同乘以"-1",可得
$$-x_1 - x_2 - x_3 \geqslant -4;$$

(2)将第三个等式表示成等价的两个不等式,可得
$$x_1 + 2x_2 - 3x_3 \leqslant 6,$$
$$x_1 + 2x_2 - 3x_3 \geqslant 6;$$

(3)将 $x_1 + 2x_2 - 3x_3 \leqslant 6$ 两边同乘以"-1",可得
$$-x_1 - 2x_2 + 3x_3 \geqslant -6,$$

于是此问题化为对称形式
$$\min s = -x_1 - 2x_2 - 3x_3$$
$$\begin{cases} -x_1 - x_2 - x_3 \geqslant -4 \\ x_1 - 2x_2 + 3x_3 \geqslant 5 \\ -x_1 - 2x_2 + 3x_3 \geqslant -6. \\ x_1 + 2x_2 - 3x_3 \geqslant 6 \\ x_1, x_2, x_3 \geqslant 0 \end{cases}$$

利用对称形式的原问题与其对偶问题的对应关系,可写出其对偶问题为
$$\max g = -4z_1 + 5z_2 - 6z_3 + 6z_4$$
$$\begin{cases} -z_1 + z_2 - z_3 + z_4 \leqslant -1 \\ -z_1 - 2z_2 - 2z_3 + 2z_4 \leqslant -2 \\ -z_1 + 3z_2 + 3z_3 - 3z_4 \leqslant -3 \\ z_1, z_2, z_3, z_4 \geqslant 0 \end{cases},$$

令 $y_1 = -z_1$, $y_2 = z_2$, $y_3 = z_4 - z_3$, 则有
$$\max g = 4y_1 + 5y_2 + 6y_3$$
$$\begin{cases} y_1 + y_2 + y_3 \leqslant -1 \\ y_1 - 2y_2 + 2y_3 \leqslant -2 \\ y_1 + 3y_2 - 3y_3 \leqslant -3 \\ y_1 \leqslant 0, y_2 \geqslant 0, y_3 \text{ 无非负约束} \end{cases}$$

此例反映出原问题约束条件不等号的方向,决定对偶决策变量取值的正负. 原问

题约束条件为等号,那么与之对应的对偶变量取值无非负约束;原问题(min)约束条件取大于等于号,那么与之对应的对偶变量取值非负;原问题(min)约束条件取小于等于号,那么与之对应的对偶变量取值非正.这些对应关系虽然是由这一特例得出的,但它们具有普遍的意义,这一点不难得到证明.

例 5　写出线性规划问题
$$\max s = x_1 + 2x_2 + 3x_3$$
$$\begin{cases} x_1 + x_2 + x_3 \leqslant 4 \\ x_1 - 2x_2 + 3x_3 \leqslant 5 \\ x_1 + 2x_2 - 3x_3 \leqslant 6 \\ x_1 \geqslant 0, x_2 \leqslant 0, x_3 \text{ 无非负约束} \end{cases}$$

的对偶问题.

解　首先将其转化成形如(5.6)的对称形式

令 $x_1 = z_1$, $x_2 = -z_2$, $x_3 = z_3 - z_4 (z_3 \geqslant 0, z_4 \geqslant 0)$,则有
$$\max s = z_1 - 2z_2 + 3z_3 - 3z_4$$
$$\begin{cases} z_1 - z_2 + z_3 - z_4 \leqslant 4 \\ z_1 + 2z_2 + 3z_3 - 3z_4 \leqslant 5 \\ z_1 - 2z_2 - 3z_3 + 3z_4 \leqslant 6 \\ z_1, z_2, z_3, z_4 \geqslant 0 \end{cases}.$$

利用(5.5)与(5.6)的相互对偶性关系,可写出其对偶问题
$$\min g = 4y_1 + 5y_2 + 6y_3$$
$$\begin{cases} y_1 + y_2 + y_3 \geqslant 1 \\ -y_1 + 2y_2 - 2y_3 \geqslant -2 \\ y_1 + 3y_2 - 3y_3 \geqslant 3 \\ -y_1 - 3y_2 + 3y_3 \geqslant -3 \\ y_1 \geqslant 0, y_2 \geqslant 0, y_3 \geqslant 0 \end{cases},$$

将第二个不等式两边同乘以"-1"得　$y_1 - 2y_2 + 2y_3 \leqslant 2$;
将第三和第四个不等式合并成等价的约束得　$y_1 + 3y_2 - 3y_3 = 3$;
于是原问题的对偶问题为
$$\min g = 4y_1 + 5y_2 + 6y_3$$
$$\begin{cases} y_1 + y_2 + y_3 \geqslant 1 \\ y_1 - 2y_2 + 2y_3 \leqslant 2 \\ y_1 + 3y_2 - 3y_3 = 3 \\ y_1 \geqslant 0, y_2 \geqslant 0, y_3 \geqslant 0 \end{cases}.$$

此例反映出原问题决策变量的取值,决定其对偶约束条件不等号的方向. 原问题决策变量取值无非负约束,其相应的对偶约束条件取等号;原问题(max)决策变量取值非负,那么与之对应的对偶约束条件取大于等于号;原问题(max)决策变量取值非正,那么与之对应的对偶约束条件取小于等于号. 这些对应关系也同样具有普遍意义,表 5-3 给出了原问题与其对偶问题的一般对应关系.

表 5-3 对偶关系表

原问题(对偶问题)		对偶问题(原问题)	
目标函数 min		目标函数 max	
约束条件	m 个	m 个	决策变量
	$\leqslant$	$\leqslant 0$	
	$\geqslant$	$\geqslant 0$	
	$=$	无非负约束	
决策变量	n 个	n 个	约束条件
	$\geqslant 0$	$\leqslant$	
	$\leqslant 0$	$\geqslant$	
	无非负约束	$=$	
约束条件右端项 b		目标函数价值系数 b^{T}	
目标函数的系数 c		约束条件右端项 c^{T}	
约束条件系数矩阵 A		约束条件系数矩阵 A^{T}	

例 6 写出此线性规划问题

$$\max s = 2x_1 + 3x_2 - 5x_3 + x_4$$

$$\begin{cases} x_1 + x_2 - 3x_3 + x_4 \geqslant 5 \\ 2x_1 + 2x_3 - x_4 \leqslant 4 \\ x_2 + x_3 + x_4 = 6 \\ x_1 \leqslant 0; x_2, x_3 \geqslant 0; x_4 \text{ 无非负约束} \end{cases}$$

的对偶问题.

解 由表 5-3 直接写出其对偶问题为

$$\min g = -5y_1 + 4y_2 + 6y_3$$

$$\begin{cases} y_1 - 2y_2 \geqslant -2 \\ -y_1 + y_3 \geqslant 3 \\ 3y_1 + 2y_2 + y_3 \geqslant -5 \\ -y_1 - y_2 + y_3 = 1 \\ y_1 \geqslant 0, y_2 \geqslant 0, y_3 \text{ 无非负约束} \end{cases}.$$

第二节　对偶问题的基本性质

现在讨论互为对偶的线性规划问题之间的内在联系.由于我们用单纯形法求解线性规划问题时都要化成标准形,下面仅就(5.9)与(5.10)所表达的非对称型对偶规划(LP)与(LD)的情形来论述,对于对称型的对偶规划有完全类似的结论.

(LP)、(LD)的对偶定理:

定理 1　对(LP)的任意可行解 x 和(LD)的任意可行解 u,恒有 $cx \geqslant ub$.

证明　因为 $Ax = b, x \geqslant 0, uA \leqslant c$,所以 $ub = uAx \leqslant cx$.

定理 1 给出了(LP)与(LD)这对互为对偶的线性规划问题目标函数的一个界限.若(LP)有可行解 x,则(LD)的目标函数值 ub 就有了上界 cx;反之,若(LD)有可行解 u,则(LP)的目标函数值 cx 就有了下界 ub.

推论 1　若(LP)有无界解,则(LD)无可行解;若(LD)有无界解,则(LP)无可行解.其逆不成立.

证明　以证明前半部分为例,后半部分类似可证.用反证法:

若(LP)有无界解,而(LD)有可行解 u,则根据定理1,对(LP)的任何可行解 x,有 $cx \geqslant ub$.这与(LP)目标函数无下界矛盾.

注意　本推论的逆不一定成立.即一对对偶问题中有一个无可行解,不能判定另一个有无界解,因为另一个可能无可行解. 例如

$$(LP)\begin{cases} \max s = x_1 + x_2 + x_3 \\ x_1 - x_2 + x_3 \leqslant 2 \\ x_3 \leqslant -1 \\ x_1, x_2, x_3 \geqslant 0 \end{cases} \quad \text{与} \quad (LD)\begin{cases} \min g = 2u_1 - u_2 \\ u_1 \geqslant 1 \\ -u_1 \geqslant 1 \\ u_1 + u_2 \geqslant 1 \\ u_1, u_2 \geqslant 0 \end{cases} \quad \text{中,}$$

虽然(LP)无可行解,但(LD)没有无界解,只是无可行解而已.

推论 2　若 x^*、u^* 分别是(LP)与(LD)的可行解,且 $cx^* = u^*b$,则 x^*, u^* 分别是(LP)与(LD)的最优解.

证明　由定理 1 知:对(LP)的任意可行解 x,(LD)的任意可行解 u 满足

$cx \geqslant u^* b = cx^*, ub \leqslant cx^* = u^* b$；这表明 $cx^*, u^* b$ 分别是（LP）与（LD）中目标函数的最优值．因而 x^*, u^* 分别是（LP）与（LD）最优解．

定理 2　互为对偶的问题（LP）与（LD）有最优解的充分必要条件是两者同时有可行解．

证明　此定理由最优解的定义和推论 2 直接可得．

定理 3　若（LP）与（LD）中一个有最优解，则另一个也有最优解，并且两者的目标函数值相等．

证明　设（LP）有最优解．则必有最优基础可行解，从而可用单纯形法得到（LP）的一个基础最优解 x^*；设最优基为 B^*，那么我们证明单纯形乘子 $\pi = c_{B^*} B^{*-1} = u^*$ 是对偶（LD）的最优解．

根据单纯形法原理，对应（LP）的最优基 B^* 的检验数向量 $c_{B^*}(B^*)^{-1}A - c \leqslant 0$，最优解为 $x_{B^*}^* = B^{*-1}b, x_N^* = 0$．从而 $u^* = c_{B^*} B^{*-1}$ 满足 $u^* A \leqslant c$ 是（LD）的可行解，并且目标函数值 $u^* b = c_{B^*} B^{*-1} b = c_{B^*} x_{B^*}^* = cx^*$；根据上面的推论 2 即可知：$c_{B^*} B^{*-1}$ 是（LD）的最优解．

因此，我们证明了若（LP）有最优解，则（LD）必有最优解．

同理可证若（LD）有最优解，则（LP）必有最优解，且最优值相等．

注意　以上结论对于对称的对偶规划同样成立，并且对于对称的对偶问题有下面推论 3．

推论 3　（LP）的对偶问题（LD）的最优解，是（LP）的标准形中最优基所对应的单纯形表中松弛变量对应的检验数的相反数．

证明　略．

从上述对偶定理知（LP）、（LD）这一对对偶规划的解之间也有下面三种情形：

（1）两者都有最优解，且最优解相等；

（2）两者都没有可行解；

（3）其中一个有无界解，而另一个无可行解．

定理 4　（非对称形式对偶的互补松弛定理）

（LP），（LD）的可行解 x^*, u^* 分别是最优解的充要条件是 $(u^* A - c)x^* = 0$．

证明　**充分性**　若 x^*, u^* 分别是（LP），（LD）的可行解，且满足

$$(u^* A - c)x^* = 0$$

因为 x^* 是可行解，则 $Ax^* = b, cx^* = u^* Ax^* = u^* b$，由推论 2 可知，$x^*, u^*$ 分别是（LP），（LD）的最优解．

必要性　若（LP），（LD）的可行解 $x^*、u^*$ 分别是最优解，则由定理 3 知 $cx^* = u^* b$，又 x^* 满足约束条件 $Ax^* = b$；此式两端左乘 u^* 得 $u^* Ax^* = u^* b =$

cx^*，由此即得 $(u^*A-c)x^*=0$.

下面再仔细观察这里的松弛条件，

$$(u^*A-c)x^* = \sum_{j=1}^{n}(u^*p_j-c_j)x_j^* = 0,$$

因为

$$x_j^* \geqslant 0, u^*p_j \leqslant c_j (j=1,2,\cdots,n),$$

因此上式等价于

$$(u^*p_j-c_j)x_j^* = 0, (j=1,2,\cdots,n). \tag{5.11}$$

(5.11)式表明：若 $u^*p_j < c_j$，则必有 $x_j^*=0$；若 $x_j^* > 0$，则必有 $u^*p_j=c_j$. 从而得出如下的松紧关系：

(1)若(LP)有最优解 x^*，使得对指标 j 满足 $x_j^* > 0$，则称 j 对(LP)是松的. 此时对(LD)的一切最优解 u^*，必有 $u^*p_j=c_j$；我们称 j 对(LD)是紧的.

(2)若(LD)有最优解 u^*，使得对指标 j 满足 $u^*p_j < c_j$，则称 j 对(LD)是松的. 此时对(LP)的一切最优解 x^*，必有 $x_j^*=0$；则称 j 对(LP)是紧的.

定理5 （对称形式对偶的松弛互补定理）

(LP)与(LD)的可行解 x^*、u^* 分别是最优解的充要条件是：

$$\omega_i u_i^* = 0(i=1,2,\cdots,m), \omega_i = b_i - A_i x^*;$$
$$\theta_j x_j^* = 0(j=1,2,\cdots,n), \theta_j = u^*p_j - c_j.$$

定理5的证明类似于定理4的证明，从略.

由此可得如下的松紧关系：

(1)若(LP)有最优解 x^*，使得对指标 j 满足 $x_j^* > 0$，则称 j 对(LP)是松的. 此时对(LD)的一切最优解 u^*，必有 $u^*p_j=c_j$，我们称 j 对(LD)是紧的.

(2)若(LD)有最优解 u^*，使得对指标 j 满足 $u^*p_j < c_j$，则称 j 对(LD)是松的. 此时对(LP)的一切最优解 x^*，必有 $x_j^*=0$，称 j 对(LP)是紧的.

(3)若(LP)有最优解 x^*，使得对指标 i 满足 $A_i x_i^* > b_i$，则称 i 对(LP)是松的. 此时对(LD)的一切最优解 u^*，必有 $u_i^*=0$，我们称 i 对(LD)是紧的.

(4)若(LD)有最优解 u^*，使得对指标 i 满足 $u_i^* > 0$，则称 i 对(LD)是松的. 此时对(LP)的一切最优解 x^*，必有 $A_i x^*=b_i$，称 i 对(LP)是紧的.

例1 设原问题为

$$\max s = x_1 + 2x_2 + 3x_3 + 4x_4$$
$$\begin{cases} x_1 + 2x_2 + 2x_3 + 3x_4 \leqslant 20 \\ 2x_1 + x_2 + 3x_3 + 2x_4 \leqslant 20. \\ x_1, x_2, x_3, x_4 \geqslant 0 \end{cases}$$

试用对偶性质求该问题的最优解.

解　原问题的对偶问题为

$$\min g = 20y_1 + 20y_2$$

$$\begin{cases} y_1 + 2y_2 \geqslant 1 \\ 2y_1 + y_2 \geqslant 2 \\ 2y_1 + 3y_2 \geqslant 3. \\ 3y_1 + 2y_2 \geqslant 4 \\ y_1, y_2 \geqslant 0 \end{cases}$$

由图解法知此问题的最优解为 $y_1^* = 1.2, y_2^* = 0.2$，相应的目标函数最小值 g^* = 28；由互补松弛性质可知，在最优条件下，有 $y_1^* = 1.2 > 0, y_2^* = 0.2 > 0$，所以

$$\begin{cases} x_1 + 2x_2 + 2x_3 + 3x_4 = 20 \\ 2x_1 + x_2 + 3x_3 + 2x_4 = 20 \end{cases}.$$

同时，由对偶约束 $y_1^* + 2y_2^* = 1.6 > 1$，知 $x_1^* = 0$；同理，由 $2y_1^* + y_2^* = 2.6 > 2$，知 $x_2^* = 0$.

根据上述结果，原约束可以转化成二元一次线性方程组

$$\begin{cases} 2x_3 + 3x_4 = 20 \\ 3x_3 + 2x_4 = 20 \end{cases},$$

解方程得 $x_3^* = 4, x_4^* = 4$.

综上所得，原问题的最优解为 $x^* = (0, 0, 4, 4)^\mathsf{T}$，相应的目标函数最优值为 $s^* = 28$.

例 2　已知线性规划问题

$$\max z = x_1 + x_2$$

$$\begin{cases} -x_1 + x_2 + x_3 \leqslant 2 \\ -2x_1 + x_2 - x_3 \leqslant 1. \\ x_1, x_2, x_3 \geqslant 0 \end{cases}$$

试用对偶理论证明上述线性规划问题无最优解.

证明　显然此问题存在可行解，例如 $x = (0, 0, 0)^\mathsf{T}$，而上述问题的对偶问题为

$$\min w = 2y_1 + y_2$$

$$\begin{cases} -y_1 - 2y_2 \geqslant 1 \\ y_1 + y_2 \geqslant 1 \\ y_1 - y_2 \geqslant 0 \\ y_1, y_2 \geqslant 0 \end{cases}.$$

由第一个约束条件可知对偶问题无可行解，因而无最优解. 由此，原问题也无最优解.

第三节　对偶问题的经济意义——影子价格

由上节对偶问题的基本性质可以看出，若 x^*,u^* 分别为 (LP)、(LD) 的最优解.则

$$z^* = f^* = c_B B^{-1} b = u^* b = u_1^* b_1 + u_2^* b_2 + \cdots + u_m^* b_m \tag{5.12}$$

其中 b_i 代表第 i 种资源的拥有量,对偶变量 u_i^* 的意义代表在资源最优利用条件下对单位第 i 种资源的估价.这种估价不是资源的市场价格,而是根据资源在生产中所作贡献而作的估价.为区别起见,称之为影子价格.

1.影子价格是一种边际价格.在(5.12)中,由 $\dfrac{\partial f^*}{\partial b} = c_B B^{-1} = u^*$ 或 $\dfrac{\partial f^*}{\partial b_i} = u_i^*$ 表明:如果右端常数项向量 b 中某一常数项 b_i 增加一个单位,则函数的最优值 f^* 的变化量为 u_i^*.下面举例说明.

例 1　求解　$\max f = 2x_1 + 3x_2$

$$\begin{cases} 2x_1 + 2x_2 \leqslant 12 \\ 4x_1 \leqslant 16 \\ 5x_2 \leqslant 15 \\ x_1 \geqslant 0, x_2 \geqslant 0 \end{cases}.$$

解　用图解法求解很容易得到:该问题在点(3,3)取得最优解,最优值为 $f^* = 15$.如果上面第一个约束右端增加1,变为 $2x_1 + 2x_2 \leqslant 13$,同样由图解法容易得到,该问题在点(3.5,3)取得最优解,最优值为 $f^* = 16$.这说明第一个约束的影子价格为1.同样,如果保持第一、第三个约束不变,第二个约束变成 $4x_1 \leqslant 17$,则最优解与最优值均不变.这说明第二个约束的影子价格为0.类似地,保持第一、第二个约束不变,第三个约束变成 $5x_2 \leqslant 16$,则最优解在点(2.8,3.2)取得,最优值变为 $f^* = 15.2$.这说明第三个约束的影子价格为0.2.

2.在第二节对偶问题的互补松弛性质中,当 $Ax_i > b_i$ 时,(目标函数为最大时有 $Ax_i < b_i$),$u_i^* = 0$;当 $u_i^* > 0$ 时,有 $A_i x^* = b_i$.这表明生产过程中如果某种资源 b_i 未得到充分利用时,该资源的影子价格为0;又当该资源的影子价格不为0时,表明该种资源在生产中已耗费完毕.

下面考虑以下一对一般的对偶问题:

原问题 (LP) $\begin{cases} \min s = cx \\ Ax \geqslant b, \\ x \geqslant 0 \end{cases}$ 　　　对偶问题 (LD) $\begin{cases} \max g = \mu b \\ \mu A \leqslant c \\ \mu \geqslant 0 \end{cases}$.

若 x^*,u^* 分别为 (LP) 与 (LD) 的最优解.则

$$s^* = g^* = c_B B^{-1} b = u^* b = u_1^* b_1 + u_2^* b_2 + \cdots + u_m^* b_m,$$

因此 $\dfrac{\partial g^*}{\partial b} = c_B B^{-1} = u^*$ 或 $\dfrac{\partial g^*}{\partial b_i} = u_i^*$.

这表明:如果右端常数项向量 b 中某一常数项 b_i 增加一个单位,则函数的最优值 g^* 的变化量为 u_i^*. 而问题中所有其他的数值不变,因此影子价格可以被理解为目标函数最优值对资源的一阶偏导数.

在求解线性规划时,影子价格可以很容易的从最优单纯形表格中得出:(LP) 的对偶问题 (LD) 的最优解,是 (LP) 的标准形中的最优基所对应的单纯形表中松弛变量对应的检验数的相反数.

下面我们举例说明影子价格分析与应用.

例 2 某工厂经理对该厂生产的两种产品用线性规划来确定最优的产量方案,根据产品的单位产值和生产的三种资源供应限量,建立模型如下

$$\max f = 5x_1 + 4x_2$$

$$\begin{cases} x_1 + 3x_2 \leqslant 90 \\ 2x_1 + x_2 \leqslant 80 \\ x_1 + x_2 \leqslant 45 \\ x_1 \geqslant 0, x_2 \geqslant 0 \end{cases}.$$

解 现将此问题标准化为

$$\min s = -f = -5x_1 - 4x_2$$

$$\begin{cases} x_1 + 3x_2 + x_3 = 90 \\ 2x_1 + x_2 + x_4 = 80 \\ x_1 + x_2 + x_5 = 45 \\ x_i \geqslant 0, i = 1, 2, \cdots, 5 \end{cases},$$

利用单纯形法求解此问题,得初始单纯性表如表 5-4 和最优单纯性表如表 5-5.

表 5-4

		x_1	x_2	x_3	x_4	x_5
s	0	5	4	0	0	0
x_3	90	1	3	1	0	0
x_4	80	[2]	1	0	1	0
x_5	45	1	1	0	0	1

表 5-5

		x_1	x_2	x_3	x_4	x_5
s	-215	0	0	0	-1	-3
x_3	25	0	0	1	2	-5
x_1	35	1	0	0	1	-1
x_2	10	0	1	0	-1	2

　　表 5-5 说明最优生产方案是:第一种产品生产 35 件,第二种产品生产 10 件,总产值为 215.由前面的分析可知,松弛变量 x_3,x_4,x_5 的检验数的相反数对应着对偶问题的最优解,而这些数值就是这三种资源的影子价格.

　　因此,资源 1 的影子价格 $u_1=0$,资源 2 的影子价格 $u_2=1$,资源 3 的影子价格 $u_3=3$.资源 1 的影子价格为 0,说明增加这种资源不会增加总产值.实际上,如果把资源 1 由 90 增加到 91,同样利用单纯形法可以得到最优单纯形表如表 5-6.

表 5-6

		x_1	x_2	x_3	x_4	x_5
s	-215	0	0	0	-1	-3
x_3	26	0	0	1	2	-5
x_1	35	1	0	0	1	-1
x_2	10	0	1	0	-1	2

　　更直观的理由是,由于最优单纯形表 5-5 中,第 1 种资源的松弛变量 $x_3=25$,表示第 1 种资源还有 25 个单位的剩余;因此,增加第 1 种资源不会带来任何经济效益,只会增加更多的剩余.表 5-6 中 $x_3=26$ 正好说明这点.

　　资源 2 的影子价格 $u_2=1$,而增加资源 2 一个单位后,最优表如表 5-7.

表 5-7

		x_1	x_2	x_3	x_4	x_5
s	-216	0	0	0	-1	-3
x_3	27	0	0	1	2	-5
x_1	36	1	0	0	1	-1
x_2	9	0	1	0	-1	2

　　这表明增加一个单位的资源 2,最佳的生产方案是第一种产品 36 件,第二种产品

9 件,总产值由原来的 215 增加到 216,即总产值增量为 1.

同理,如果资源 1 和 2 均无变化而资源 3 增加一个单位,由于资源 3 的影子价格为 $u_3 = 3$,可知总产值增量为 3.值得注意的是,此时产品的种类没有改变,而每种产品的数量却改变了.即如果资源 3 增加一个单位,新的最优规划将是:第一种产品生产 34 件,第二种产品生产 12 件,总产值为 218.而有了影子价格,可以不必经过上述的计算得出这些结论.

影子价格说明了不同资源对经济效益的影响不同.因此,一般来说影子价格对企业的经营管理能提供一些有价值的信息.

将线性规划应用到经济问题中,对原始规划可以作这样的解释:变量可以理解为经济活动的水平,如产量;每个可行解表示某一个生产水平;目标函数可以理解为总的经济效益,系数 c 表示这种产品的售价;右端常数项 b 可以理解为可用资源的上限;矩阵 A 的系数可以理解为不同产品对各种资源的单位消耗;而线性规划求最优解就是在有限的资源环境下谋求最高收益.此时相应的对偶规划中的变量就是影子价格,由于影子价格指资源增加时对最优收益产生的影响,因此有时也称之为资源的边际产出或资源的机会成本.

影子价格在经营管理中用处很多,一般可以提供以下信息:

(1)能告诉管理人员哪一种资源对增加经济效益最有利.如例 2 中三种资源的影子价格分别为 0,1,3,说明首先应考虑第三种资源的增加,以期望带来收益的增加量最大.

(2)能告诉管理人员花多大代价来增加资源才是合算的.如例 2 中第三种资源增加一个单位就能增加收益 3,如果增加资源 3 的代价大于 3 就是不合算的.

(3)能告诉管理人员如何考虑新产品的价格.如某企业要生产一种新产品,如每件产品耗用这三种资源是(1,2,3)单位,则新产品的定价是一定要大于

$$(0,1,3)\begin{bmatrix}1\\2\\3\end{bmatrix} = 11, \qquad (0,1,3) 为影子价格$$

才能增加公司收益;如售价低于 11,生产就是不合算的.

(4)能使管理人员知道价格变动时哪种资源最为可贵,哪种资源无关紧要.如例 2 中产品的售价不是(5,4)而是(5,5),则从单纯形表中可以算出影子价格由(0,1,3)改变为(对偶最优解为单纯形乘子 $\pi = c_B B^{-1}$):

$$(0,5,5)\begin{bmatrix}1 & 2 & -5\\0 & 1 & -1\\0 & -1 & 2\end{bmatrix} = (0,0,5),$$

这说明如第二种产品增加价格的话,资源 3 就变得更加"宝贵"了.

（5）可以帮助分析工艺改变后对资源节约的收益. 如例 2 中工艺过程改进后,使第三种资源节约了 2%,则带来了经济收益为 $3 \times 45 \times 2\% = 2.7$（3 为影子价格,45 为资源量,2% 为节约百分比）.

在本节结束时,特别提请注意如下问题:

（1）以上分析是有前提的. 即资源变化时,最优解的基没有变化,具体的分析要结合下一章的灵敏度分析来进行.

（2）由于影子价格在经济管理中对收益能提供大量有益的信息,所以在对偶理论中,影子价格的概念正日益受到管理人员的重视.

（3）影子价格虽被定为一种价格,但还应对它有更为广义的理解:影子价格是针对约束条件而言的（对应着对偶问题中对偶变量的最优决策值,而对偶变量个数是由原始约束条件个数限制的）,但并不是所有的约束条件都代表对资源的约束. 例如上例还可以列入一个产量约束,两种产品的数量不超过市场上的需求量等;这样的约束也有影子价格. 如果这样的影子价格算出来比前几种影子价格要高的话,则管理人员从中得到的信息应理解为,扩大销售量比增加资源能带来更大的经济效益.

第四节　对偶单纯形法

利用单纯形法求解线性规划问题进行迭代时,在常数列 b 列得到的是原问题的一个基础可行解. 在保持 b 列是原问题基础可行解的前提下,通过迭代使检验数行逐步成为全部非正（松弛变量对应的检验数的相反数是对偶问题的基础可行解）,即得到了原问题与对偶问题的最优解. 根据对偶问题的对称性,如果我们将"对偶问题"看成为"原问题",那么"原问题"便成为了"对偶问题";因此我们也可以这样来考虑,在保持检验数行是对偶问题的基础可行解（检验数全部非正）的前提下,通过迭代使 b 列逐步成为原问题的基础可行解,这样自然也可以得到问题的最优解. 这种在对偶可行基的基础上进行的单纯形法,称为对偶单纯形法. 其优点是原问题的初始解不再要求是基础可行解,可以从非可行的基础解开始迭代,从而省去了引入人工变量的麻烦. 当然对偶单纯形法的应用也是有前提条件的,这一前提条件就是对偶问题的解是基础可行解,也就是说原问题（min）所有变量的检验数必须非正. 因此可以说,应用对偶单纯形法的前提条件十分苛刻,所以直接应用对偶单纯形法求解线性规划问题并不多见,对偶单纯形法重要的作用是为接下来要介绍的灵敏度分析提供工具.

设 x 是标准问题（原问题）对应于基 B 的一个基础解（不要求是基础可行解）,若 $y = c_B B^{-1}$ 是对偶问题的可行解,即

$$yA - c \leqslant 0 \text{ 或检验数 } \lambda_i = c_B B^{-1} P_i - c_i \leqslant 0, i = 1, 2, \cdots, n,$$

则称 x 是原问题的一个对偶可行基础解. 当对偶可行基础解是原问题的可行解

时,由于检验数均小于等于零,因此它就是原问题的一个最优解.从原问题的一个对偶可行基础解出发,求改进的对偶可行基础解(指对偶问题的目标函数值得到改进),当得到的对偶可行基础解是原问题的可行解时,就达到了最优解.这就是对偶单纯形法的基本思想.

一般地,用对偶单纯形法求解线性规划问题的步骤是:

设 x 是原问题的一个对偶可行基础解,对应基 B 及对应标准单纯形表.

①根据线性规划问题列出初始单纯形表.要求检验数非正,而对资源系数 $b_{i0}(i=1,2,\cdots,m)$ 无非负的要求.若 $b_{i0}(i=1,2,\cdots,m)$ 非负,则已得到最优解;若 $b_{i0}(i=1,2,\cdots,m)$ 还存在负分量,转入下一步.

②选择出基变量.在 $b_{i0}(i=1,2,\cdots,m)$ 中选取绝对值最大的分量 $\min\{b_{i0}\mid b_{i0}<0,1\leqslant i\leqslant m\}=b_{s0}$,该分量所在的行称为主行,主行所对应的基变量 x_{js} 即为出基变量(若有多 b_{i0} 个同时达到上述最小值,约定选取对应基变量中下标小者离基).

③选择入基变量　若主行中所有的元素均为正值,则问题无可行解;若主行中存在负元素,计算:

$$\min\left\{\frac{b_{0j}}{b_{sj}}\,\middle|\,b_{sj}<0,j=1,2,\cdots,n\right\}=\frac{b_{0r}}{b_{sr}},$$

最小比值发生的 r 列所对应的变量即为入基变量.

④迭代运算.同单纯形法一样,对偶单纯形法的迭代过程也是以主元素为轴所进行的旋转运算.

⑤重复①~④步,直到问题得到解决.

例 1　用对偶单纯形法求解线性规划问题

$$\min s = x_1 + 4x_2 + 3x_4$$

$$\begin{cases} x_1 + 2x_2 - x_3 + x_4 \geqslant 3 \\ -2x_1 - x_2 + 4x_3 + x_4 \geqslant 2. \\ x_1,x_2,x_3,x_4 \geqslant 0 \end{cases}$$

解　引入松弛变量 x_5,x_6 化原问题为标准形式

$$\min s = x_1 + 4x_2 + 3x_4$$

$$\begin{cases} x_1 + 2x_2 - x_3 + x_4 - x_5 = 3 \\ -2x_1 - x_2 + 4x_3 + x_4 - x_6 = 2, \\ x_1,x_2,x_3,x_4,x_5,x_6 \geqslant 0 \end{cases}$$

即

$$\min s = x_1 + 4x_2 + 3x_4$$

$$\begin{cases} -x_1 - 2x_2 + x_3 - x_4 + x_5 = -3 \\ 2x_1 + x_2 - 4x_3 - x_4 + x_6 = -2 , \\ x_1,x_2,x_3,x_4,x_5,x_6 \geqslant 0 \end{cases}$$

其中　$c = (1,4,0,3,0,0)$，$A = \begin{pmatrix} -1 & -2 & 1 & -1 & 1 & 0 \\ 2 & 1 & -4 & -1 & 0 & 1 \end{pmatrix}$，$b = \begin{pmatrix} -3 \\ -2 \end{pmatrix}$.

显然基 $B = (P_4,P_5) = E$ 为对偶可行基，对应于基 B 的初始单纯形表如表 5-8，完成第一步.

表 5-8

		x_1	x_2	x_3	x_4	x_5	x_6
s	0	-1	-4	0	-3	0	0
x_5	-3	$\boxed{-1}$	-2	1	-1	1	0
x_6	-2	2	1	-4	-1	0	1

表 5-8 给出了原问题一个非可行的基础解 $x^{(0)} = (0,0,0,0,-3,-2)^{\mathrm{T}}$，转入第二步.

$\min\{-3,-2\} = -3$，所以第一行为主行，x_5 为出基变量，转入第三步.

$\theta = \min\{\frac{-1}{-1}, \frac{-4}{-2}, \frac{-3}{-1}\} = 1$，最小比值发生在第 1 列，故 x_1 为入基变量，转入第四步.

迭代过程，(1)主行除以主元素"-1"，目的是将主元素转换为"1"；(2)主行乘"2"加入第 2 行，目标是将同主元素同列的元素变为"0"；迭代结果如表 5-9.

表 5-9

		x_1	x_2	x_3	x_4	x_5	x_6
s	3	0	-2	-1	-2	-1	0
x_1	3	1	2	-1	1	-1	0
x_6	-8	0	-3	$\boxed{-2}$	-3	2	1

因 b 列仍然存在负分量，所以需要继续迭代. 同理可知，x_6 为出基变量，x_3 为入基变量，迭代结果如表 5-10.

表 5-10

		x_1	x_2	x_3	x_4	x_5	x_6
s	7	0	$-\frac{1}{2}$	0	$-\frac{1}{2}$	-2	$-\frac{1}{2}$
x_1	7	1	$\frac{7}{2}$	0	$\frac{5}{2}$	-2	$-\frac{1}{2}$
x_3	4	0	$\frac{3}{2}$	1	$\frac{3}{2}$	-1	$-\frac{1}{2}$

表 5-10 的 b 列已经不存在负分量，故表 5-10 给出了此问题的最优解 $x^* = (7,0,4,0,0,0)^T$，最优值 $s^* = 7$.

在对偶单纯形法中，总是存在着对偶问题的可行解，因此对于能用对偶单纯形法求解的线性规划来说，其解不存在无界的可能，即只能是有最优解或无可行解这二种情况之一. 对偶单纯形法无可行解的识别，是通过入基变量选择失败来反映的，即当主行的所有元素均为非负时，就可得出问题无可行解的结论.

例 2　用对偶单纯形法求解线性规划问题

$$\min s = 3x_1 + 2x_2$$
$$\begin{cases} -x_1 + x_2 \geqslant 2 \\ x_1 - x_2 \geqslant 1 \\ x_1 \geqslant 0, x_2 \geqslant 0 \end{cases} .$$

解　引入松弛变量 x_3, x_4，化原问题为标准形式

$$\min s = 3x_1 + 2x_2$$
$$\begin{cases} x_1 - x_2 + x_3 = -2 \\ -x_1 + x_2 + x_4 = -1 \\ x_j \geqslant 0, j = 1,2,3,4 \end{cases} .$$

取 $B = (P_3, P_4) = E$，建立初始单纯形表如表 5-11，完成第一步.

表 5-11

		x_1	x_2	x_3	x_4
s	0	-3	-2	0	0
x_3	-2	1	$\boxed{-1}$	1	0
x_4	-1	-1	1	0	1

表 5-11 给出了原问题一个非可行的基础解 $x^{(0)} = (0,0,-2,-1)^T$，转入第二步. 由于 $\min\{-2,-1\} = -2$，所以第一行为主行，x_3 为出基变量，转入第三步.

这里 $\theta = \min\{-, \dfrac{-2}{-1}, -, -\} = 2$，最小比值发生在第 2 列，故 x_2 为入基变量，转入第四步. 迭代结果见表 5-12.

表 5-12

		x_1	x_2	x_3	x_4
s	4	-5	0	-2	0
x_2	2	-1	1	-1	0
x_4	-3	0	0	1	1

在表 5-12 中, b 列仍然存在负分量,而此时主行(第 2 行)的所有元素均为非负, $x_4 = -3 - x_3$, 当 $x_3 \geqslant 0$, 必有 $x_4 < 0$; 所以原问题无可行解.

例 3 用对偶单纯形法求解线性规划问题

$$\min s = x_1 + 2x_2$$

$$\begin{cases} x_1 + 2x_2 \geqslant 4 \\ x_1 \leqslant 5 \\ 3x_1 + x_2 \geqslant 6 \\ x_1 \geqslant 0, x_2 \geqslant 0 \end{cases}.$$

解 引入松弛变量 x_3, x_4, x_5 , 把原问题化为标准形式

$$\min s = x_1 + 2x_2$$

$$\begin{cases} x_1 + 2x_2 - x_3 = 4 \\ x_1 + x_4 = 5 \\ 3x_1 + x_2 - x_5 = 6 \\ x_j \geqslant 0, j = 1, 2, \cdots, 5 \end{cases}.$$

将第一、第三个约束条件方程两端同乘"-1", 取 x_3, x_4 和 x_5 为基变量,基 $B = (p_3, p_4, p_5) = E$ 可得表 5-13 所示的初始单纯形表,完成第一步.

表 5-13

		x_1	x_2	x_3	x_4	x_5
s	0	-1	-2	0	0	0
x_3	-4	$\boxed{-1}$	-2	1	0	0
x_4	5	1	0	0	1	0
x_5	-6	-3	-1	0	0	1

用类似于例 1 的方法我们得到第二个单纯形表如表 5-14.

表 5-14

		x_1	x_2	x_3	x_4	x_5
s	4	0	0	-1	0	0
x_1	4	1	2	-1	0	0
x_4	1	0	-2	1	1	0
x_5	6	0	$\boxed{5}$	-3	0	1

表 5-14 的 b 列已经不存在负分量,故表 5-14 给出了此问题的最优解 $x^{(1)} = (4, 0, 0, 1, 6)^T$, 最优值 $s^* = 4$. 但此时非基变量 x_2 的检验数为 0,按照单纯形法我们找另一个最优解

如表 5-15.

表 5-15

		x_1	x_2	x_3	x_4	x_5
s	4	0	0	-1	0	0
x_1	8/5	1	0	1/5	0	$-2/5$
x_4	17/5	0	0	$-1/5$	1	2/5
x_2	6/5	0	1	$-3/5$	0	1/5

表 5-15 的 b 列已经不存在负分量,故表 5-15 给出了此问题的另一个最优解 $x^{(2)} = (8/5, 6/5, 0, 17/5, 0)^{\mathrm{T}}$,最优值 $s^* = 4$. 故原问题的最优解有无穷个,表示为

$$x = \alpha \binom{4}{0} + (1-\alpha) \begin{pmatrix} \dfrac{8}{5} \\ \dfrac{6}{5} \end{pmatrix} \quad (0 \leqslant \alpha \leqslant 1)$$

$\min s^* = 4$.

注意　(1)对偶单纯形法不是求它的对偶问题的最优解,而是求原问题的最优解.

(2)对偶单纯形法的应用也是有前提条件的,这一前提条件就是对偶问题的解是基础可行解,也就是说原问题所有变量的检验数必须非正. 可以说应用对偶单纯形法的前提条件十分苛刻,所以直接应用对偶单纯形法求解线性规划问题并不多见,某些用两阶段法求解的线性规划问题,用对偶单纯形法解比较方便.

(3)对偶单纯形法与原始单纯形法内在的对应关系如表 5-16.

表 5-16

	原始单纯形法	对偶单纯形法
前提条件	所有 $b_i \geqslant 0$	所有 $\lambda_j \leqslant 0$
最优性检验	所有 $\lambda_j \leqslant 0$	所有 $b_i \geqslant 0$
换入、出基变量的确定	先确定换入基变量 后确定换出基变量	先确定换出基变量 后确定换入基变量
原始基础解的进化	可行 → 最优	非可行 → 可行(最优)

【练习 5】

1. 写出下列线性规划问题的对偶问题

(1) $\min s = 2x_1 + 5x_2$

$$\begin{cases} x_1 \geqslant 4 \\ x_2 \geqslant 3 \\ x_1 + x_2 \geqslant 8 \\ x_1, x_2 \geqslant 0 \end{cases};$$

(2) $\min s = 2x_1 + x_2 - 4x_3$

$$\begin{cases} 2x_1 + 3x_2 + x_3 \geqslant 1 \\ 3x_1 - x_2 + x_3 \leqslant 4 \\ x_1 + x_3 = 3 \\ x_1, x_2 \geqslant 0, x_3 \text{ 无非负约束} \end{cases}$$

(3) $\max s = 4x_1 + 5x_2$

$$\begin{cases} 3x_1 + 2x_2 \leqslant 20 \\ 4x_1 - 3x_2 \geqslant 10 \\ x_1 + x_2 = 5 \\ x_1 \geqslant 0, x_2 \text{ 无非负约束} \end{cases}$$

2. 试利用对偶性质求该问题的最优解

$$\max s = x_1 + x_2 + x_3$$

$$\begin{cases} 2x_1 + x_2 + 2x_3 \leqslant 2 \\ 4x_1 + 2x_2 + x_3 \leqslant 2. \\ x_1, x_2, x_3 \geqslant 0 \end{cases}$$

3. 证明推论 3.

4. 已知线性规划问题

$$\max s = x_1 - x_2 + x_3$$

$$\begin{cases} x_1 - x_3 \geqslant 4 \\ x_1 - x_2 + 2x_3 \geqslant 3. \\ x_1, x_2, x_3 \geqslant 0 \end{cases}$$

试用对偶理论证明上述线性规划问题无最优解.

5. 判断下列说法是否正确

(1)任何线性规划问题都存在其对偶问题;　　　　　　　　　　　　　　(　　)

(2)如果原问题存在可行解,则其对偶问题也一定存在可行解;　　　　　(　　)

(3)当原问题为无界解时,对偶问题也为无界解;　　　　　　　　　　　(　　)

(4)当对偶问题无可行解时,原问题一定具有无界解;　　　　　　　　　(　　)

(5)若原问题有无穷多最优解,则对偶问题也一定具有无穷多最优解;　　(　　)

6. 某工厂有用甲、乙两种原料,生产 A_1, A_2, A_3 三种产品,三种产品对原料的单位消耗量如表 5-17.

表 5-17

原料	每万件产品所需的原料（吨）			每月原料供应量（吨）
	A_1	A_2	A_3	
甲	4	3	1	180
乙	2	6	3	200
价格（万元/万件）	12	5	4	

(1)试制定每月的最优生产计划,使总收益最大?

(2)如果原料甲每月能供应 181 吨,生产方案如何调整? 并用影子价格解释原料甲乙的变化对最优值的影响.

7. 某工厂用甲、乙两种原料,生产 A_1 , A_2 , A_3 , A_4 四种产品,每种产品对原料的单位消耗量如表 5-18.

表 5-18

每万件产品所用原料数（公斤） 产品 原料	A_1	A_2	A_3	A_4	现有原料数（公斤）
甲	3	2	10	4	18
乙	0	0	2	$\frac{1}{2}$	3
每万件产品利润（万元）	9	8	50	19	

(1)试建立数学模型,并求出最优生产方案?

(2)用影子价格解释原料甲、乙的变化对最优值的影响.

8. 用对偶单纯形法求解下述 LP 问题

(1) $\min s = 600x_1 + 400x_2$

$$\begin{cases} 2x_1 + 2x_2 \geqslant 20 \\ 3x_1 + x_2 \geqslant 15 \\ x_1 \geqslant 0, x_2 \geqslant 0 \end{cases};$$

(2) $\min s = x_1 + 2x_2$

$$\begin{cases} x_1 + 2x_2 \geqslant 4 \\ x_1 \leqslant 5 \\ 3x_1 + x_2 \geqslant 6 \\ x_1 \geqslant 0, x_2 \geqslant 0 \end{cases}.$$

第六章　灵敏分析与参数规划

线性规划主要研究线性函数满足约束不等式条件下的最优解问题. 前面几章介绍了当 A, b, c 已知时, 求线性规划问题最优基的方法. 但在很多实际问题中, 通过测量、估计获取的数据往往不够精确. 因此, 常常需要修正数据, 或者增加变量或增加约束条件. 在求解线性规划问题遇到上述情况时, 不必从头开始计算, 只需在已有最优解的基础上再求得新问题的最优解, 这就是灵敏度分析. 另外, 线性规划问题中的 b 和 c 会随着某一个(或 n 个)参数的变化而改变, 即 b 或 c 是某个参数的函数. 那么当参数在某一范围变化时, 最优解和最优值有什么变化? 就是参数线性规划问题.

本章主要介绍线性规划问题的灵敏度分析和参数线性规划.

第一节　线性规划问题的灵敏度分析

对于标准形式的线性规划问题

$$\min s = cx$$

$$\begin{cases} Ax = b \\ x \geqslant 0 \end{cases}, \tag{6.1}$$

我们研究下面几种数据变化的灵敏度分析:

(1)目标函数系数 c 的变化,

(2)约束条件的常数项 b 的变化,

(3)添加新变量,

(4)添加新约束条件;

灵敏度分析主要解决的问题是: 当数据 c_j, b_i 或 a_{ij} 的波动范围多大时, 最优基可以保持不变; 当某些数据变化给定时, 最优解和最优值如何改变?

设线性规划问题(6.1)的最优解为 x^*, 对应的最优基为 B, 则相应的单纯形表如表 6-1.

表 6-1

		x_1	x_2	$\cdots$	x_n
s	$c_B B^{-1} b$		$c_B B^{-1} A - c$		
基变量	$B^{-1} b$		$B^{-1} A$		

一、目标函数的系数 c 变化的灵敏度分析

当目标函数的系数 c 发生变化时,在表 6-1 中只影响第 0 行的数据,即只有目标函数值和检验数会改变;如果修改后的检验数仍然全部非正,则原最优解仍为最优解,仅目标函数值会有改变;若修改后的检验数有正数,则从修改第 0 行后的单纯形表出发,用迭代求最优解.

例 1 某工厂有用甲、乙两种原料,生产 A_1,A_2,A_3 三种产品,三种产品对原料的单位消耗量如表 6-2.

表 6-2

原　　料	每万件产品所需的原料(吨)			每月原料供应量
	A_1	A_2	A_3	(吨)
甲	4	3	1	180
乙	2	6	3	200
价格(万元/万件)	12	5	4	

现有甲原料 180 吨,乙原料 200 吨,产品 A_1,A_2,A_3 的单位价格(指每万件的价格)分别为 12 万元、5 万元、4 万元.

(1)试制定每月的最优生产计划,使总收益最大?

(2)如果产品 A_1 的价格发生波动,问波动限制在什么范围内,最优生产计划不变?

(3)如果 A_1 的价格波动到 18 万元/万件,生产方案应如何改变?

解 (1)设 x_1,x_2,x_3 分别表示产品 A_1,A_2,A_3 的生产数量(单位:万件)则原问题的数学模型为

$$\max s = 12x_1 + 5x_2 + 4x_3$$
$$\begin{cases} 4x_1 + 3x_2 + x_3 \leqslant 180 \\ 2x_1 + 6x_2 + 3x_3 \leqslant 200. \\ x_i \geqslant 0, i = 1,2,3 \end{cases} \tag{6.2}$$

引入松弛变量 x_4,x_5,把线性规划问题(6.2)化为标准形

$$\min s' = -s = -12x_1 - 5x_2 - 4x_3$$

$$\begin{cases} 4x_1 + 3x_2 + x_3 + x_4 = 180 \\ 2x_1 + 6x_2 + 3x_3 + x_5 = 200, \\ x_i \geqslant 0, i = 1, 2, \cdots, 5 \end{cases} \tag{6.3}$$

利用单纯形方法,易求得线性规则问题(6.3)的最优解,求解过程见表 6-3～表 6-5.

表 6-3

		x_1	x_2	x_3	x_4	x_5
s'	0	12	5	4	0	0
x_4	180	[4]	3	1	1	0
x_5	200	2	6	3	0	1

表 6-4

		x_1	x_2	x_3	x_4	x_5
s'	-540	0	-4	1	-3	0
x_1	45	1	$\frac{3}{4}$	$\frac{1}{4}$	$\frac{1}{4}$	0
x_5	110	0	$\frac{9}{2}$	$\boxed{\frac{5}{2}}$	$-\frac{1}{2}$	1

表 6-5

		x_1	x_2	x_3	x_4	x_5
s'	-584	0	$-\frac{29}{5}$	0	$-\frac{14}{5}$	$-\frac{2}{5}$
x_1	34	1	$\frac{3}{10}$	0	$\frac{3}{10}$	$-\frac{1}{10}$
x_3	44	0	$\frac{9}{5}$	1	$-\frac{1}{5}$	$\frac{2}{5}$

由表 6-5 可见,最优解为:$x_1 = 34, x_2 = 0, x_3 = 44, x_4 = x_5 = 0$,目标函数的最优值为 $s' = -584$;即制定的最优生产方案为:每月生产 A_1 34 万件,生产 A_3 44 万件,不生产 A_2,每月的总收益为 584 万元.

(2)为方便讨论,对线性规划问题(6.3)引入记号

$$A = \begin{pmatrix} 4 & 3 & 1 & 1 & 0 \\ 2 & 6 & 3 & 0 & 1 \end{pmatrix}, b = \begin{pmatrix} 180 \\ 200 \end{pmatrix}, c = (-12, \quad -4,),$$

并用 P_j 表示矩阵 A 的第 j 列($j = 1, 2, \cdots, 5$);如果产品 A_1 的价格波动,而 A_2, A_3 的

价格不变,记产品 A_1, A_2, A_3 的价格分别为 c'_1, c'_2, c'_3;当 A_1 的价格波动后,$c'_1 = 12 + \Delta c'_1, c'_2 = 5, c'_3 = 4$,影响到线性规划问题(6.3)中,即有

$$\overline{c} = (-12 - \Delta c'_1, \quad -4,).$$

要使最优生产计划不变,即保证表 6-5 中的解仍是最优解,只要解不等式 $\overline{c_B} B^{-1} A - \overline{c} \leqslant 0$,就可以求出 $\Delta c'_1$ 的取值范围.

由表 6-5,线性规划问题(6.3)的最优基为

$$B = (P_1, \quad P_3) = \begin{pmatrix} 4 & 1 \\ 2 & 3 \end{pmatrix},$$

并且

$$B^{-1} A = \begin{pmatrix} 1 & \dfrac{3}{10} & 0 & \dfrac{3}{10} & -\dfrac{1}{10} \\ 0 & \dfrac{9}{5} & 1 & -\dfrac{1}{5} & \dfrac{2}{5} \end{pmatrix}$$

波动后的 $\overline{c_B} = (-12 - \Delta c'_1, \quad -4)$,此时表 6-5 中的检验数修改为

$$\overline{c_B} B^{-1} A - \overline{c} = (-12 - \Delta c'_1, -4) \begin{pmatrix} 1 & \dfrac{3}{10} & 0 & \dfrac{3}{10} & -\dfrac{1}{10} \\ 0 & \dfrac{9}{5} & 1 & -\dfrac{1}{5} & \dfrac{2}{5} \end{pmatrix}$$

$$- (-12 - \Delta c'_1, -5, -4, 0, 0)$$

$$= (0, -\dfrac{29}{5} - \dfrac{3}{10} \Delta c'_1, 0, -\dfrac{14}{5} - \dfrac{3}{10} \Delta c'_1, -\dfrac{2}{5} + \dfrac{1}{10} \Delta c'_1) \leqslant 0.$$

我们得到的不等式组为

$$\begin{cases} -\dfrac{29}{5} - \dfrac{3}{10} \Delta c'_1 \leqslant 0 \\[2mm] -\dfrac{14}{5} - \dfrac{3}{10} \Delta c'_1 \leqslant 0, \\[2mm] -\dfrac{2}{5} + \dfrac{1}{10} \Delta c'_1 \leqslant 0 \end{cases}$$

解不等式组,得 $-9\dfrac{1}{3} \leqslant \Delta c'_1 \leqslant 4$,所以 $2\dfrac{2}{3} \leqslant 12 + \Delta c'_1 \leqslant 16$.

即当产品 A_1 的价格在 $2\dfrac{2}{3}$ 万元到 16 万元之间波动时,原最优解保持最优性,不必改变生产计划.

(3)当产品 A_1 的价格波动到 18 万元时,这时 $\Delta c'_1 = 6$,对应于线性规划问题(6.3),其中 $\overline{c} = (-18, -5, -4, 0, 0)$;利用基 $B = (P_1, P_3)$ 对应的单纯形表如表 6-5,计算

$$\overline{c_B}B^{-1}b = (-18, -4)\binom{34}{44} = -788,$$

$$\overline{c_B}B^{-1}A - \bar{c} = (-18, -4)\begin{pmatrix} 1 & \dfrac{3}{10} & 0 & \dfrac{3}{10} & -\dfrac{1}{10} \\ 0 & \dfrac{9}{5} & 1 & -\dfrac{1}{5} & \dfrac{2}{5} \end{pmatrix} - (-18, -5, -4, 0, 0)$$

$$= (0, -\dfrac{38}{5}, 0, -\dfrac{23}{5}, \dfrac{1}{5}).$$

把表 6-5 中 s' 行中的各元素全部划去,换上新计算的 $\overline{c_B}B^{-1}b$ 和 $\overline{c_B}B^{-1}A - \bar{c}$,得表 6-6.

表 6-6

		x_1	x_2	x_3	x_4	x_5
s'	-788	0	$-\dfrac{38}{5}$	0	$-\dfrac{23}{5}$	$\dfrac{1}{5}$
x_1	34	1	$\dfrac{3}{10}$	0	$\dfrac{3}{10}$	$-\dfrac{1}{10}$
x_3	44	0	$\dfrac{9}{5}$	1	$-\dfrac{1}{5}$	$\boxed{\dfrac{2}{5}}$

在表 6-6 中,x_5 对应的检验数 $b_5 = \dfrac{1}{5} > 0$,进行单纯形法换基迭代后得表 6-7.

表 6-7

		x_1	x_2	x_3	x_4	x_5
s'	-810	0	$-\dfrac{17}{2}$	$-\dfrac{1}{2}$	$-\dfrac{9}{2}$	0
x_1	45	1	$\dfrac{3}{4}$	$\dfrac{1}{4}$	$\dfrac{1}{4}$	0
x_5	110	0	$\dfrac{9}{2}$	$\dfrac{5}{2}$	$-\dfrac{1}{2}$	1

显然,表 6-7 已经是最优解表,可见,在产品 A_1 的价格大幅度提高到 18 万元/万件时,生产方案应调整为:产品 A_1 生产 45 万件,产品 A_2,A_3 不生产,对应总收益达 810 万元.

上述分析给企业经营管理者的提示是:当产品的价格浮动时,原生产计划是否需要调整?如何调整最为有利?这些都需要通过科学的方法进行判断和决策.因此,灵敏度分析具有明确的实用意义.

同样,对产品 A_2, A_3 的价格可以进行类似的分析.

二、约束条件中常数项 b 的灵敏度分析

当线性规划问题(6.1)中的常数项 b 变化时,即 b 变化为 $b+\Delta b$,这里 $b+\Delta b = (b_1+\Delta b_1, b_2+\Delta b_2, \cdots, b_m+\Delta b_m)^T$. 这时,单纯形表 6-1 仅第 0 列需要修改,基变量的解修改为 $B^{-1}(b+\Delta b)$,目标函数的值修改为 $c_B B^{-1}(b+\Delta b)$,而检验数没有变化. 因此,当 $B^{-1}(b+\Delta b) \geqslant 0$ 时,原来的最优基不变,但最优解变为 $B^{-1}(b+\Delta b)$,最优值变为 $c_B B^{-1}(b+\Delta b)$. 若 $B^{-1}(b+\Delta b) \geqslant 0$ 不成立,则把 $B^{-1}(b+\Delta b)$ 填入最终的单纯形表中,再用对偶单纯形法迭代,求得最优基.

例 2 原问题与例 1 相同,对于原料甲进行灵敏度分析:

(1)如果原料甲的每月供应量发生波动,问波动限制在什么范围内,最优生产计划不变?

(2)如果原料甲每月只能供应 66 吨,生产方案如何调整?

解 (1)由表 6-5 可知,最优基为 $B=(P_1, P_3)$.

设原料甲的波动为 Δb_1,则波动后 $\overline{b_1}=180+\Delta b_1$, $\overline{b}=\begin{pmatrix} 180+\Delta b_1 \\ 200 \end{pmatrix}$.

只需求解不等式 $B^{-1}\overline{b} \geqslant 0$,便可得到 Δb_1 的波动范围,而此时

$$B^{-1}=\begin{pmatrix} \dfrac{3}{10} & -\dfrac{1}{10} \\ -\dfrac{1}{5} & \dfrac{2}{5} \end{pmatrix},$$

$$B^{-1}\overline{b}=\begin{pmatrix} \dfrac{3}{10} & -\dfrac{1}{10} \\ -\dfrac{1}{5} & \dfrac{2}{5} \end{pmatrix}\begin{pmatrix} 180+\Delta b_1 \\ 200 \end{pmatrix}=\begin{pmatrix} \dfrac{3}{10}\Delta b_1+34 \\ -\dfrac{1}{5}\Delta b_1+44 \end{pmatrix} \geqslant 0,$$

解不等式组 $\begin{cases} \dfrac{3}{10}\Delta b_1+34 \geqslant 0 \\ -\dfrac{1}{5}\Delta b_1+44 \geqslant 0 \end{cases}$,

得 $-113\dfrac{1}{3} \leqslant \Delta b_1 \leqslant 200$,即当 $66\dfrac{2}{3} \leqslant \overline{b_1} \leqslant 400$ 时,基 $B=(P_1, P_3)$ 仍是最优基.

因为 b_1 的波动不影响 $c_B B^{-1}A-c$,所以这时原料甲、乙的影子价格不变,但是,基础最优解和目标函数最优值将随 Δb_1 的大小而变化.

(2)如果每月只能供应原料甲 66 吨,原料乙的供应不变,我们能利用对偶单纯形

方法来求新的最优生产计划,此时

$$\bar{b} = \begin{pmatrix} 66 \\ 200 \end{pmatrix},$$

计算得

$$B^{-1}\bar{b} = \begin{pmatrix} \frac{3}{10} & -\frac{1}{10} \\ -\frac{1}{5} & \frac{2}{5} \end{pmatrix} \begin{pmatrix} 66 \\ 200 \end{pmatrix} = \begin{pmatrix} -\frac{1}{5} \\ \frac{334}{5} \end{pmatrix};$$

$$c_B B^{-1}\bar{b} = (-12, -4) \begin{pmatrix} -\frac{1}{5} \\ \frac{334}{5} \end{pmatrix} = -264\frac{4}{5}.$$

把表 6-5 中的第 0 列的数据去掉,填入 $B^{-1}\bar{b}, c_B B^{-1}\bar{b}$,得表 6-8.

表 6-8

		x_1	x_2	x_3	x_4	x_5
s'	$-264\frac{4}{5}$	0	$-\frac{29}{5}$	0	$-\frac{14}{5}$	$-\frac{2}{5}$
x_1	$-\frac{1}{5}$	1	$\frac{3}{10}$	0	$\frac{3}{10}$	$-\frac{1}{10}$
x_3	$\frac{334}{5}$	0	$\frac{9}{5}$	1	$-\frac{1}{5}$	$\frac{2}{5}$

由表 6-8 可见,$B = (P_1, P_3)$ 不再是最优基,用对偶单纯形方法换基迭代得表 6-9.

表 6-9

		x_1	x_2	x_3	x_4	x_5
s'	-264	-4	-7	0	-4	0
x_5	2	-10	-3	0	-3	1
x_3	66	4	3	1	1	0

表 6-9 对应新的最优解.最优生产计划为:在原料甲的供应量减至每月 66 吨时,只生产产品 A_3,每月总收益为 264 万元.这时原料甲的影子价格为 4 万元/吨,原料乙的影子价格变为零,说明原料甲更为短缺,而原料乙过剩.

同样,对原料乙可以进行类似分析.

三、添加新变量的灵敏度分析

在解决实际问题建立线性规划模型时，由于种种原因，常常会出现所建的模型丢掉了一些该考虑的因素，这时，从数学模型上考虑，就需要添加新的变量，下面讨论添加新的变量后对最优解和最优值的影响.

设新引进的变量为 x_{n+1}，对应系数为 c_{n+1}，相应于约束条件系数为列向量 P_{n+1}. 首先计算 $\lambda_{n+1} = c_B B^{-1} P_{n+1} - c_{n+1}$，若 $\lambda_{n+1} \leqslant 0$，则当前的解仍是最优解，说明不必要添加变量 x_{n+1}；若 $\lambda_{n+1} > 0$，则 x_{n+1} 被引入基变量，用单纯形方法继续迭代，求得最优解.

例 3　原问题与例 1 相同，现在工厂准备生产新产品 A_4，已知产品 A_4 每万件需原料甲 1 吨，原料乙 2 吨，产品 A_4 的价格为 3 万元/万件，那么 A_4 是否有利正式投产？当产品 A_4 的价格上升到多少时，才利于投入生产？

解　首先把表 6-2 改为表 6-10.

表 6-10

原　　料	每万件产品所需原料（吨）				每月原料供应量
	A_1	A_2	A_3	A_4	（吨）
甲	4	3	1	1	182
乙	2	6	3	2	200
价格（万元/万件）	12	5	4	3	

设每月生产产品 A_4 的数量为 x_6（万件），则原线性规划问题（6.2）变为

$$\max s = 12x_1 + 5x_2 + 4x_3 + 3x_6$$
$$\begin{cases} 4x_1 + 3x_2 + x_3 + x_6 \leqslant 180 \\ 2x_1 + 6x_2 + 3x_3 + 2x_6 \leqslant 200 \\ x_1 \geqslant 0, x_2 \geqslant 0, x_3 \geqslant 0, x_6 \geqslant 0 \end{cases} . \tag{6.4}$$

引进松弛变量 x_4, x_5 把线性规划问题（6.4）化为标准形

$$\min s' = -s = -12x_1 - 5x_2 - 4x_3 - 3x_6$$
$$\begin{cases} 4x_1 + 3x_2 + x_3 + x_4 + x_6 = 180 \\ 2x_1 + 6x_2 + 3x_3 + x_5 + 2x_6 = 200 \\ x_j \geqslant 0, j = 1, 2, \cdots, 6 \end{cases} . \tag{6.5}$$

对于线性规划问题（6.5），如果重新用单纯形方法求解，计算量较大，下面在表 6-5 的基础上求解线性规划问题（6.5）. 由表 6-5 可见，由于 $B^{-1}b = \begin{pmatrix} 34 \\ 44 \end{pmatrix} \geqslant 0$，线性规划问题（6.3）的最优基 $B = (P_1, P_3)$ 是线性规划问题（6.5）的可行基，所以，要判断基 B 是

否是(6.5)的最优基,只要计算检验数 $b_{0j}=c_BB^{-1}P_j-c_j(j=1,2,\cdots,6)$ 即可.由表6-5已知,$c_BB^{-1}P_j-c_j\leqslant0(j=1,2,\cdots,5)$,于是,只要计算 $b_{06}=c_BB^{-1}P_6-c_6$ 即可,而在问题(6.5)中

$$P_6=\binom{1}{2},c_6=-3,$$

所以,$\quad b_{06}=(-12,-4)\begin{pmatrix}\dfrac{3}{10}&-\dfrac{1}{10}\\-\dfrac{1}{5}&\dfrac{2}{5}\end{pmatrix}\binom{1}{2}-(-3)$

$$=-\frac{18}{5}+3=-\frac{3}{5}<0.$$

因此,基 $B=(P_1,P_3)$ 仍是线性规划问题(6.5)的最优基,x_6 是非基变量,$x_6=0$,即新产品 A_4 不应立即投产,说明产品 A_4 的价格偏低.

现在假设新产品 A_4 的价格为 c'_6,则在问题(6.5)中,目标函数 s' 中 x_6 的系数 $c_6=-c'_6$.只有当 $b_{06}=c_BB^{-1}P_6-c_6>0$ 时,x_6 才会调入基变量而取正值,即由

$$c_BB^{-1}P_6-c_6=(-12,-4)\begin{pmatrix}\dfrac{3}{10}&-\dfrac{1}{10}\\-\dfrac{1}{5}&\dfrac{2}{5}\end{pmatrix}\binom{1}{2}-(-c'_6)$$

$$=-\frac{18}{5}+c'_6>0$$

解得 $c'_6>\dfrac{18}{5}$.于是,当产品 A_4 的价格超过 3.6 万元/万件时,才有利于投产.

四、添加新的约束条件的灵敏度分析

在实际建立线性规划模型时,经常会因为研究问题的变化而增加新约束条件,那么新添加的约束条件对最优解和最优值有何影响?

例 4 原问题与例1相同,如果在生产过程中,本来不限量供应的原料丙,现在每月只能供应 150 吨,而生产 A_1,A_2,A_3 三种产品每万件需用原料丙2吨,3吨,2吨,问原生产方案是否需要改变?

解 首先将表6-2改为表6-11.

表 6-11

原　料	每万件产品所需的原料(吨)			每月原料供应量
	A_1	A_2	A_3	(吨)
甲	4	3	1	180
乙	2	6	3	200
丙	2	3	2	150
价格(万元/万件)	12	5	4	

这时相当于在原问题(6.2)中添加了一个新的约束条件

$$2x_1 + 3x_2 + 2x_3 \leqslant 150,$$

相应地,可得线性规划问题的标准形

$$\min s' = -s = -12x_1 - 5x_2 - 4x_3$$

$$\begin{cases} 4x_1 + 3x_2 + x_3 + x_4 = 180 \\ 2x_1 + 6x_2 + 3x_3 + x_5 = 200 \\ 2x_1 + 3x_2 + 2x_3 + x_6 = 150 \\ x_j \geqslant 0, j = 1, 2, \cdots, 6 \end{cases} \qquad (6.6)$$

在表 6-3 中添加一行、一列,把 x_6 指定为基变量,新添加的约束条件中各变量的系数填入新的 x_6 行中,得表 6-12.

表 6-12

		x_1	x_2	x_3	x_4	x_5	x_6
s'	-584	0	$-\dfrac{29}{5}$	0	$-\dfrac{14}{5}$	$-\dfrac{2}{5}$	0
x_1	34	1	$\dfrac{3}{10}$	0	$\dfrac{3}{10}$	$-\dfrac{1}{10}$	0
x_3	44	0	$\dfrac{9}{5}$	1	$-\dfrac{1}{5}$	$\dfrac{2}{5}$	0
x_6	150	2	3	2	0	0	1

但在表 6-12 中,基变量 x_1, x_3 的对应列向量不是单位向量.因此,需要用初等行变换,将 x_1, x_3 对应的列向量变换为相应的单位向量,如表 6-13.

表 6-13

		x_1	x_2	x_3	x_4	x_5	x_6
s'	-584	0	$-\dfrac{29}{5}$	0	$-\dfrac{14}{5}$	$-\dfrac{2}{5}$	0
x_1	34	1	$\dfrac{3}{10}$	0	$\dfrac{3}{10}$	$-\dfrac{1}{10}$	0
x_3	44	0	$\dfrac{9}{5}$	1	$-\dfrac{1}{5}$	$\dfrac{2}{5}$	0
x_6	-6	0	$-\dfrac{6}{5}$	0	$-\dfrac{1}{5}$	$\boxed{-\dfrac{3}{5}}$	1

在表 6-13 中，$b_{30}=-6>0$，基 $\overline{B}=(P_1,P_3,P_6)$ 是问题 (6.6) 的对偶可行基，这就说明：增加新的约束条件后，原最优方案已非可行方案，需要调整. 利用对偶单纯形方法迭代得表 6-14.

表 6-14

		x_1	x_2	x_3	x_4	x_5	x_6
s'	-580	0	-5	0	$-\dfrac{8}{3}$	0	$-\dfrac{2}{3}$
x_1	35	1	$\dfrac{1}{2}$	0	$\dfrac{1}{3}$	0	$-\dfrac{1}{6}$
x_3	40	0	1	1	$-\dfrac{1}{3}$	0	$\dfrac{2}{3}$
x_5	10	0	2	0	$\dfrac{1}{3}$	1	$-\dfrac{5}{3}$

由表 6-14 得最优解为：$x_1=35,x_2=0,x_3=40,x_4=0,x_5=0,x_6=0$.

由此可知，添加约束条件后的最优生产方案为：生产产品 A_1 35 万件，产品 A_2 40 万件，总收益 580 万元.

第二节　参数线性规划问题

在线性规划的实际应用中，由于线性规划问题 (6.1) 中，出现在矩阵 A 和向量 b,c 中的数据都是从生产实践中收集而来的. 这些数据往往随着某些因素的变化而改变，常见的情况有：目标函数中的系数 c 会随着某个参数而改变；约束条件中的常数 b 随着某个参数而改变等. 本节主要讨论上述两种情况含单参数的线性规划问题，即在系数的可能范围内,求问题的最优解.

一、目标函数的系数 c 含有参数的线性规划问题

目标函数的系数 c 含有参数的线性规划问题,其一般形式是

$$\min s = (c + \lambda c^*)x = cx + \lambda c^* x$$

$$\begin{cases} Ax = b \\ x \geqslant 0 \end{cases},$$ \hfill (6.7)

其中 $A = (a_{ij})_{m \times n}, b = (b_1, b_2, \cdots, b_m)^{\mathrm{T}}, c = (c_1, c_2, \cdots, c_n), c^* = (c_1^*, c_2^*, \cdots, c_n^*), \lambda$ 是参数.

对于系数 c 含参数的线性规划问题(6.7),其求解过程如下:

设 $\lambda = \lambda_0$,用单纯形方法(或对偶单纯形方法)可以求得问题(6.7)的最优基 $B = (P_{j1}, P_{j2}, \cdots, P_{jm})$,此时对应的单纯形表为

$$\begin{bmatrix} (c_B + \lambda c_B^*)B^{-1}b & (c_B + \lambda c_B^*)B^{-1}A - (c + \lambda c^*) \\ B^{-1}b & B^{-1}A \end{bmatrix}.$$

在上面单纯形表中,对应目标函数取值为

$$(c_B + \lambda c_B^*)B^{-1}b = c_B B^{-1}b + \lambda c_B^* B^{-1}b,$$

检验数为

$$(c_B + \lambda c_B^*)B^{-1}A - (c + \lambda c^*) = (c_B B^{-1}A - c) + \lambda(c^* B^{-1}A - c^*).$$

我们把单纯形表中的第 0 行

$$((c_B + \lambda c_B^*)B^{-1}b, (c_B + \lambda c_B^*)B^{-1}A - (c + \lambda c^*))$$

写为两行

$$\begin{bmatrix} c_B B^{-1}b & c_B B^{-1}A \\ \lambda c_B^* B^{-1}b & \lambda(c_B B^{-1}A - c^*) \end{bmatrix},$$

并理解为上下两行相加.

引入记号: $c_B B^{-1}b = b_{00}, c_B B^{-1}A - c = (b_{01}, b_{02}, \cdots, b_{0n})$

$$c_B^* B^{-1}b = b_{00}^*, c_B^* B^{-1}A - c^* = (b_{01}^*, b_{02}^*, \cdots, b_{0n}^*),$$

则最优基 B 对应的单纯形表如表 6-15.

表 6-15

		x_1	x_2	$\cdots$	x_n
s	b_{00}	b_{01}	b_{02}	$\cdots$	b_{0n}
	b_{00}^*	b_{01}^*	b_{02}^*	$\cdots$	b_{0n}^*

		x_1	x_2	$\cdots$	x_n
x_{j1}	b_{10}	b_{11}	b_{12}	$\cdots$	b_{1n}
x_{j2}	b_{20}	b_{21}	b_{22}	$\cdots$	b_{2n}
$\vdots$	$\vdots$	$\vdots$	$\vdots$		$\vdots$
x_{jm}	b_{m0}	b_{m1}	b_{m2}	$\cdots$	b_{mn}

在表 6-15 中第 0 行检验数为 $b_{0j}+\lambda b_{0j}^*$，当系数 λ 变化时，要使 B 仍是最优基，只要 λ 满足不等式组：

$$b_{0j}+\lambda b_{0j}^* \leqslant 0, j=1,2,\cdots,n. \tag{6.8}$$

解不等式组(6.8)，可得 λ 的取值范围：

令
$$\bar{\lambda}_B = \begin{cases} \min\left\{-\dfrac{b_{0j}}{b_{0j}^*} \mid b_{0j}^* > 0, 1 \leqslant j \leqslant n\right\} \\ +\infty, \text{当 } b_{0j}^* \leqslant 0, j=1,2,\cdots,n) \text{ 时} \end{cases} \tag{6.9}$$

$$\underline{\lambda}_B = \begin{cases} \max\left\{-\dfrac{b_{0j}}{b_{0j}^*} \mid b_{0j}^* < 0, 1 \leqslant j \leqslant n\right\} \\ -\infty, \text{当 } b_{0j}^* \geqslant 0, j=1,2,\cdots,n) \text{ 时} \end{cases} \tag{6.10}$$

则对于所有的 $\lambda \in [\underline{\lambda}_B, \bar{\lambda}_B]$，不等式组(6.8)成立，即 B 为最优基。

$\underline{\lambda}_B$ 和 $\bar{\lambda}_B$ 分别称为基 B 的下特征数和上特征数，区间 $[\underline{\lambda}_B, \bar{\lambda}_B]$ 称为基 B 的最优区间。

这时，$\forall \lambda \in [\underline{\lambda}_B, \bar{\lambda}_B]$，最优解均为 $x_{j1}=b_{10}, x_{j2}=b_{20}, \cdots, x_{jm}=b_{m0}$，其余 $x_j=0$，对应的目标函数最优值为 $s=b_{00}+\lambda b_{00}^*$。

现在的问题是，当 λ 不取区间 $[\underline{\lambda}_B, \bar{\lambda}_B]$ 中的值时，最优基应如何变化？

下面讨论 $\lambda > \bar{\lambda}_B$（设 $\bar{\lambda}_B < +\infty$）的情形，设

$$\bar{\lambda}_B = -\frac{b_{0s}}{b_{0s}^*},$$

当 $\lambda > \bar{\lambda}_B$ 时，即 $\lambda > -\dfrac{b_{0s}}{b_{0s}^*}$，可得 $b_{0s}+\lambda b_{0s}^* > 0$，说明非基变量 x_s 对应的检验数大于零。

这时有两种情况：

(1)如果单纯形表中 $B^{-1}P_s = \begin{pmatrix} b_{1s} \\ b_{2s} \\ \vdots \\ b_{ms} \end{pmatrix} \leqslant 0$，则当 $\lambda > \bar{\lambda}_B$ 时，问题(6.7)无最优解。

(2)如果 $b_{is}(i=1,2,\cdots,m)$ 中有正数，则用单纯形方法的换基迭代，把 x_s 调入为基变量得到新基 $\bar{B}$，$\bar{B}$ 对应的单纯形为 $T(\bar{B})$，再用(6.9),(6.10)求对应于新基 $\bar{B}$ 的上

特征数和下特征数 $\bar{\lambda}_B$ 和 $\underline{\lambda}_B$.

可以证明:新基的下特征数等于原基的上特征数即 $\underline{\lambda}_B = \bar{\lambda}_B$.

当 $\lambda < \underline{\lambda}_B$,可类似讨论.

例 1 对于系数 $\lambda \in (-\infty, +\infty)$,求解参数线性规划问题

$$\min s = (3-\lambda)x_1 + (6-\lambda)x_2 + (2-\lambda)x_3$$

$$\begin{cases} 3x_1 + 4x_2 + x_3 \leqslant 2 \\ x_1 + 3x_2 + 2x_3 \leqslant 1 \\ x_1 \geqslant 0, x_2 \geqslant 0, x_3 \geqslant 0 \end{cases}. \tag{6.11}$$

解 首先将线性规划问题(6.11)化为标准形式

$$\min s = (3-\lambda)x_1 + (6-\lambda)x_2 + (2-\lambda)x_3$$

$$\begin{cases} 3x_1 + 4x_2 + x_3 + x_4 = 2 \\ x_1 + 3x_2 + 2x_3 + x_5 = 1, \\ x_j \geqslant 0, j = 1, 2, \cdots, 5 \end{cases} \tag{6.12}$$

记 $A = \begin{pmatrix} 3 & 4 & 1 & 1 & 0 \\ 1 & 3 & 2 & 0 & 1 \end{pmatrix}; b = \begin{pmatrix} 2 \\ 1 \end{pmatrix};$

$c = (3, 6, 2, 0, 0); c^* = (-1, -1, -1, 0, 0).$

显然,$B_1 = (P_4, P_5) = E$ 是可行基. 由于 $c_{B_1} = (0, 0), c_{B_1}^* = (0, 0)$,所以 $c_{B_1}B_1^{-1}b = 0, c_{B_1}^*B_1^{-1}b = 0$,从而可得

$$c_{B_1}B_1^{-1}A - c = -c = (-3, -6, -2, 0, 0),$$
$$c_{B_1}^*B_1^{-1}A - c^* = -c^* = (1, 1, 1, 0, 0),$$
$$B_1^{-1}b = b, B_1^{-1}A = A.$$

于是,基 B_1 对应的单纯形表如表 6-16.

表 6-16

		x_1	x_2	x_3	x_4	x_5
s	0	-3	-6	-2	0	0
	0	1	1	1	0	0
x_4	2	3	4	1	1	0
x_5	1	1	3	2	0	1

因为 $b_{0j}^* \geqslant 0 (j = 1, 2, \cdots, 5)$,由(6.10)式得 $\underline{\lambda}_{B_1} = -\infty$,由(6.9)式得 $\bar{\lambda}_{B_1} = \min\left\{-\dfrac{-3}{1}, -\dfrac{-6}{1}, -\dfrac{-2}{1}\right\} = 2$,即 B_1 的最优区间为 $(-\infty, 2]$.

对于任意的 $\lambda \in (-\infty, 2]$,基 B_1 都是最优基,对应的最优解为

$$x_1 = x_2 = x_3 = 0, x_4 = 2, x_5 = 1$$

最优值为 $s = 0 + 0\lambda = 0$，如图 6-1.

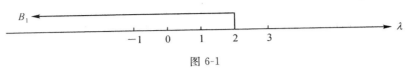

图 6-1

当 $\lambda > 2$ 时，有 $-2 + \lambda > 0$，所以把 x_3 调入基变量；又 $\min\left\{\dfrac{2}{1}, \dfrac{1}{2}\right\} = \dfrac{1}{2}$，所以取 b_{23} 为轴心项，用初等行变换进行基迭代后得新的可行基 $B_2 = (P_4, P_3)$，对应的单纯形表如表 6-17.

表 6-17

		x_1	x_2	x_3	x_4	x_5
s'	1	-2	-3	0	0	1
	$-\dfrac{1}{2}$	$\dfrac{1}{2}$	$-\dfrac{1}{2}$	0	0	$-\dfrac{1}{2}$
x_4	$\dfrac{3}{2}$	$\dfrac{5}{2}$	$\dfrac{5}{2}$	0	1	$-\dfrac{1}{2}$
x_3	$\dfrac{1}{2}$	$\dfrac{1}{2}$	$\dfrac{3}{2}$	1	0	$\dfrac{1}{2}$

由 (6.9)，(6.10) 求得对应于基 B_2 的下、上特征数

$$\underline{\lambda}_{B_2} = \max\left\{-\frac{-3}{-\frac{1}{2}}, -\frac{1}{-\frac{1}{2}}\right\} = 2,$$

$$\overline{\lambda}_{B_2} = \min\left\{-\frac{-2}{\frac{1}{2}}\right\} = 4.$$

所以，B_2 的最优区间为 $[2,4]$，而对于一切 $\lambda \in [2,4]$，基 B_2 均为最优基，对应的最优解为

$$x_1 = x_2 = 0, x_3 = \frac{1}{2}, x_4 = \frac{3}{2}, x_5 = 0.$$

最优值 $s = 1 - \dfrac{1}{2}\lambda$，如图 6-2.

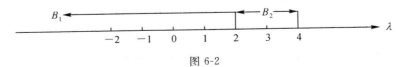

图 6-2

当 $\lambda > 4$ 时，有 $-2 + \dfrac{1}{2}\lambda > 0$，所以把 x_1 调入基变量，又 $\min\left\{\dfrac{\frac{3}{2}}{\frac{5}{2}}, \dfrac{\frac{1}{2}}{\frac{1}{2}}\right\} = \dfrac{3}{5}$，所以

取 b_{11} 为轴心项，用初等行变换进行换基迭代后得新的可行基 $B_3 = (P_1, P_3)$，对应的单纯形表如表 6-18．

表 6-18

		x_1	x_2	x_3	x_4	x_5
s	$\dfrac{11}{5}$	0	-1	0	$\dfrac{4}{5}$	$\dfrac{3}{5}$
	$-\dfrac{4}{5}$	0	-1	0	$-\dfrac{1}{5}$	$-\dfrac{2}{5}$
x_1	$\dfrac{3}{5}$	1	1	0	$\dfrac{2}{5}$	$-\dfrac{1}{5}$
x_3	$\dfrac{1}{5}$	0	1	1	$-\dfrac{1}{5}$	$\dfrac{3}{5}$

由(6.9),(6.10)求得对应于基 B_2 的下、上特征数

$$\underline{\lambda}_{B_3} = \max\left(-\frac{-1}{-1}, -\frac{\frac{4}{5}}{-\frac{1}{5}}, -\frac{\frac{3}{5}}{-\frac{2}{5}}\right) = 4,$$

$$\overline{\lambda}_{B_3} = +\infty.$$

所以，B_3 的最优区间为 $[4, +\infty)$，即对于一切 $\lambda \in [4, +\infty)$，基 B_3 均为最优基，对应的最优解为

$$x_1 = \frac{3}{5}, x_2 = 0, x_3 = \frac{1}{5}, x_4 = x_5 = 0$$

最优值 $s = \dfrac{11}{5} - \dfrac{4}{5}\lambda$，如图 6-3 所示．

图 6-3

总结上述求解结果如下：

当 $\lambda \leqslant 2$ 时，原问题(6.11)的最优解为 $(0,\quad 0,\quad 0)^{\mathrm{T}}$，对应的最优值为 $s = 0$．

当 $2 < \lambda \leqslant 4$ 时,原问题(6.11)的最优解为 $\begin{pmatrix} 0, & 0, & \dfrac{1}{2} \end{pmatrix}^T$,对应的最优值为

$s = 1 - \dfrac{1}{2}\lambda$.

当 $\lambda > 4$ 时,原问题(6.11)的最优解为 $\begin{pmatrix} \dfrac{3}{5}, & 0, & \dfrac{1}{5} \end{pmatrix}^T$,对应的最优值为

$s = \dfrac{11}{5} - \dfrac{4}{5}\lambda$.

二、约束条件右端的常数项含有参数的线性规划问题

约束条件右端的常数项含有参数的线性规划问题,其一般形式为

$$\min s = cx$$
$$\begin{cases} Ax = b + \lambda b^* \\ x \geqslant 0 \end{cases}, \tag{6.13}$$

其中 $\quad b^* = \begin{pmatrix} b_1^* \\ b_2^* \\ \vdots \\ b_m^* \end{pmatrix}$,$\lambda$ 为常数.

线性规划问题(6.13)的求解过程如下

设对某个 $\lambda = \lambda_0$,可以求得(6.13)的最优基 $B = (P_{j_1}, P_{j_2}, \cdots, P_{j_m})$,基 B 对应的单纯形表如表 6-19.

表 6-19

			x_1	x_2	$\cdots$	x_n
s	b_{00}	b_{00}^*	b_{01}	b_{02}	$\cdots$	b_{0n}
x_{j_1}	b_{10}	b_{10}^*	b_{11}	b_{12}	$\cdots$	b_{1n}
x_{j_2}	b_{20}	b_{20}^*	b_{21}	b_{22}	$\cdots$	b_{2n}
$\vdots$	$\vdots$	$\vdots$	$\cdots$	$\cdots$	$\cdots$	$\cdots$
x_{j_m}	b_{m0}	b_{m0}^*	b_{m1}	b_{m2}	$\cdots$	b_{mn}

表 6-19 是把单纯形表中 $\begin{bmatrix} c_B B^{-1}(b + \lambda b^*) \\ B^{-1}(b + \lambda b^*) \end{bmatrix}$ 写成两列的形式,即

$$\begin{pmatrix} c_B B^{-1} b + \lambda c_B B^{-1} b^* \\ B^{-1} b + \lambda B^{-1} b^* \end{pmatrix} = \begin{pmatrix} b_{00} & \lambda b_{00}^* \\ b_{10} & \lambda b_{10}^* \\ b_{20} & \lambda b_{20}^* \\ \vdots & \vdots \\ b_{m0} & \lambda b_{m0}^* \end{pmatrix}. \tag{6.14}$$

因此,对于满足 $b_{j0} + \lambda b_{j0}^* \geqslant 0, j = 1, 2, \cdots, m$ 的一切 λ,基 B 仍是最优基,对应的最优解为

$x_{j1} = b_{10} + \lambda b_{10}^*, x_{j2} = b_{20} + \lambda b_{20}^*, \cdots, x_{jm} = b_{m0} + \lambda b_{m0}^*$,其他 $x_j = 0$,
目标函数最优值为 $s = b_{00} + \lambda b_{00}^*$.

注意　这时的最优解和最优值都是 λ 的函数.

解不等式组(6.14),可求得 λ 的取值范围:

令
$$\underline{\lambda}_B = \begin{cases} \max\left\{ -\dfrac{b_{i0}}{b_{i0}^*} \mid b_{i0}^* > 0, 1 \leqslant i \leqslant m \right\}, \\ -\infty, \text{当 } b_{i0}^* \leqslant 0, i = 1, 2, \cdots, m \text{ 时} \end{cases} \tag{6.15}$$

$$\overline{\lambda}_B = \begin{cases} \min\left\{ -\dfrac{b_{i0}}{b_{i0}^*} \mid b_{i0}^* < 0, 1 \leqslant i \leqslant m \right\}. \\ +\infty, \text{当 } b_{i0}^* \geqslant 0, i = 1, 2, \cdots, m \text{ 时} \end{cases} \tag{6.16}$$

对于一切 $\lambda \in [\underline{\lambda}_B, \overline{\lambda}_B]$,不等式(6.14)成立,基 B 仍是最优基.

$\underline{\lambda}_B$ 和 $\overline{\lambda}_B$ 分别称为基 B 的下特征数和上特征数,区间 $[\underline{\lambda}_B, \overline{\lambda}_B]$ 称为基 B 的最优区间.因此,对于任意 $\lambda \in [\underline{\lambda}_B, \overline{\lambda}_B]$,最优解是

$x_{j1} = b_{10} + \lambda b_{10}^*, x_{j2} = b_{20} + \lambda b_{20}^*, \cdots, x_{jm} = b_{m0} + \lambda b_{m0}^*$,其余 $x_j = 0$;
对应目标函数的最优值 $s = b_{00} + \lambda b_{00}^*$.

注意　与目标函数的系数含参数的参数规则不同,这时对于最优区间 $[\underline{\lambda}_B, \overline{\lambda}_B]$ 中的任意 λ,目标函数的最优值和最优解均是 λ 的函数.

下面讨论对最优区间 $\lambda \in [\underline{\lambda}_B, \overline{\lambda}_B]$ 之外的 λ 值,最优解有什么变化?

当 $\lambda > \overline{\lambda}_B$ 时,设 $\overline{\lambda}_B$ 是在 $i = r$ 时达到,即 $\overline{\lambda}_B = -\dfrac{b_{r0}}{b_{r0}^*}(b_{r0}^* < 0)$;由 $\lambda > \overline{\lambda}_B = -\dfrac{b_{r0}}{b_{r0}^*}$,得 $b_{r0} + \lambda b_{r0}^* < 0$,即 $x_{jr} = b_{r0} + \lambda b_{r0}^* < 0$.这时如果单纯形表中第 r 行没有负数,则当 $\lambda > \overline{\lambda}_B$ 时,问题(6.13)无最优解.

如果第 r 行中有负数,则用对偶单纯形方法进行换基迭代,可得当 $\lambda > \overline{\lambda}_B$ 时的一个新基 $\overline{B}$.

当 $\lambda < \underline{\lambda}_B$ 时,可类似讨论.

例2　对于参数 $\lambda \in (-\infty, +\infty)$,求解线性规划问题

$$\min s = 4x_1 + x_2 + 2x_3$$

$$\begin{cases} x_1 + x_2 - x_3 \geqslant 5 + \lambda \\ x_1 - 2x_2 + 4x_3 \geqslant 8 + 4\lambda. \\ x_1 \geqslant 0, x_2 \geqslant 0, x_3 \geqslant 0 \end{cases} \tag{6.17}$$

解 把上面的问题(6.17)化为标准形式

$$\min s = 4x_1 + x_2 + 2x_3$$

$$\begin{cases} x_1 + x_2 - x_3 - x_4 = 5 + \lambda \\ x_1 - 2x_2 + 4x_3 - x_5 = 8 + 4\lambda. \\ x_j \geqslant 0, j = 1, 2, \cdots, 5 \end{cases} \tag{6.18}$$

记 $A = \begin{pmatrix} 1 & 1 & -1 & -1 & 0 \\ 1 & -2 & 4 & 0 & -1 \end{pmatrix}, b = \begin{pmatrix} 5 \\ 8 \end{pmatrix}, b^* = \begin{pmatrix} 1 \\ 4 \end{pmatrix}, c = (4, 1, 2, 0, 0);$

显然基 $B_1 = (P_4, P_5) = \begin{pmatrix} -1 & 0 \\ 0 & -1 \end{pmatrix} = -\begin{pmatrix} 1 & 0 \\ 0 & 1 \end{pmatrix}$ 是一个对偶可行基.

因为 $c_{B_1} = (0, 0)$，所以

$$c_{B_1} B_1^{-1} b = 0, c_{B_1} B_1^{-1} b^* = 0, c_{B_1} B_1^{-1} A - c = -c,$$

$$B_1^{-1} b = -b = \begin{pmatrix} -5 \\ -8 \end{pmatrix}, B_1^{-1} b^* = -b^* = \begin{pmatrix} -1 \\ -4 \end{pmatrix}, B_1^{-1} A = -A.$$

则基 B_1 对应的单纯形表如表 6-20.

表 6-20

			x_1	x_2	x_3	x_4	x_5
s	0	0	-4	-1	-2	0	0
x_4	-5	-1	-1	$\boxed{-1}$	1	1	0
x_5	-8	-4	-1	2	-4	0	1

因为 $b_{i0}^* < 0, i = 1, 2$，由(6.15)式可得下特征数 $\underline{\lambda}_{B_1} = -\infty$，再由(6.16)式得上特征数

$$\bar{\lambda}_{B_1} = \min\left\{ -\frac{-5}{-1}, -\frac{-8}{-4} \right\} = -5$$

即最优区间为 $(-\infty, -5]$.

对于任意的 $\lambda \in (-\infty, -5]$，基 B_1 是最优基，对应的最优解为

$$x_1 = x_2 = x_3 = 0, x_4 = -5 - \lambda, x_5 = -8 - 4\lambda$$

最优值为 $s = 0 + 0 \times \lambda = 0$. 如图 6-4.

当 $\lambda > -5$ 时，$-5 - \lambda < 0$，所以把基变量 x_4 调出，用对偶单纯形方法求轴心项的方

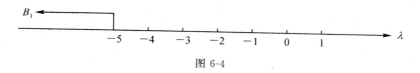

图 6-4

法,有 $\min\left\{\dfrac{-4}{-1},\dfrac{-1}{-1}\right\}=1$. 即 $b_{12}=-1$ 为轴心项,换基迭代后,得新基 $B_2=(P_2,P_5)$,对应的单纯形表如表 6-21.

表 6-21

			x_1	x_2	x_3	x_4	x_5
s	5	1	-3	0	-3	-1	0
x_2	5	1	1	1	-1	-1	0
x_5	-18	-6	$\boxed{-3}$	0	-2	2	1

由(6.15)和(6.16)式,可求得对应于基 B_2 的上、下特征数

$$\underline{\lambda}_{B_2}=\max\left\{-\frac{5}{1}\right\}=-5,$$

$$\overline{\lambda}_{B_2}=\min\left\{-\frac{-18}{-6}\right\}=-3,$$

即最优区间为 $[-5,-3]$,对于任意的 $\lambda\in[-5,-3]$,基 B_2 是最优基,对应的最优解为

$$x_1=0,x_2=5+\lambda,x_3=x_4=0,x_5=-18-6\lambda$$

最优值为 $s=5+\lambda$.

注意 最优解和最优值都是 λ 的函数,且对于基 B_1 和 B_2 来说,恰好有 $\overline{\lambda}_{B_1}=\underline{\lambda}_{B_2}$ $=-5$. 如图 6-5.

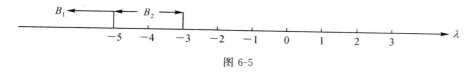

图 6-5

当 $\lambda>\overline{\lambda}_{B_2}=-3$ 时,$-18-6\lambda<0$,所以把 x_5 从基变量中调出,由 $\min\left\{\dfrac{-3}{-3},\dfrac{-3}{-2}\right\}=1$,取轴心项即 $b_{12}=-3$,换基迭代后,得新基 $B_3=(P_2,P_1)$ 对应的单纯形表如表 6-22.

表 6-22

			x_1	x_2	x_3	x_4	x_5
s	23	7	0	0	-1	-3	-1
x_2	-1	-1	0	1	$-\dfrac{5}{3}$	$-\dfrac{1}{3}$	$\dfrac{1}{3}$
x_1	6	2	1	0	$\dfrac{2}{3}$	$-\dfrac{2}{3}$	$-\dfrac{1}{3}$

由(6.15)和(6.16)式,可求得对应于基B_3的上、下特征数

$$\underline{\lambda}_{B_3} = \max\left\{-\frac{6}{2}\right\} = -3,$$

$$\overline{\lambda}_{B_3} = \min\left\{-\frac{-1}{-1}\right\} = -1,$$

即最优区间为$[-3,-1]$,对于任意的$\lambda \in [-3,-1]$,基B_3是最优基,对应的最优解为

$$x_1 = 6 + 2\lambda,\ x_2 = -1 - \lambda,\ x_3 = x_4 = x_5 = 0$$

最优值为$s = 23 + 7\lambda$. 如图 6-6 所示.

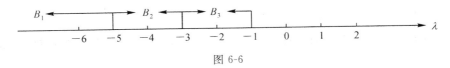

图 6-6

当$\lambda > \overline{\lambda}_{B_3} = -1$时,$-1 - \lambda < 0$,所以应将$x_2$从基变量中调出,又

$$\min\left\{\frac{-1}{-\frac{5}{3}},\frac{-3}{-\frac{1}{3}}\right\} = \frac{-1}{-\frac{5}{3}} = \frac{3}{5},\ \text{取轴心项即}\ b_{13} = -\frac{5}{3},\ \text{换基迭代后得新基}$$

$B_4 = (P_3,P_1)$;对应的单纯形表如表 6-23.

表 6-23

			x_1	x_2	x_3	x_4	x_5
s	$\dfrac{118}{5}$	$\dfrac{38}{5}$	0	$-\dfrac{3}{5}$	0	$-\dfrac{14}{5}$	$-\dfrac{6}{5}$
x_3	$\dfrac{3}{5}$	$\dfrac{3}{5}$	0	$-\dfrac{3}{5}$	1	$\dfrac{1}{5}$	$-\dfrac{1}{5}$
x_1	$\dfrac{28}{5}$	$\dfrac{8}{5}$	1	$\dfrac{2}{5}$	0	$-\dfrac{4}{5}$	$-\dfrac{1}{5}$

由(6.15)和(6.16)式,可求得对应于基 B_4 的上、下特征数

$$\underline{\lambda}_{B_4} = \max\left\{-\frac{\dfrac{3}{5}}{\dfrac{3}{5}}, -\frac{\dfrac{28}{5}}{\dfrac{8}{5}}\right\} = -1,$$

$$\overline{\lambda}_{B_4} = +\infty,$$

即最优区间为 $[-1, +\infty]$,对于任意的 $\lambda \in [-1, +\infty]$,基 B_4 是最优基,对应的最优解为

$$x_1 = \frac{28}{5} + \frac{8}{5}\lambda, x_2 = 0, x_3 = \frac{3}{5} + \frac{3}{5}\lambda, x_4 = x_5 = 0$$

最优值为 $s = \frac{118}{5} + \frac{38}{5}\lambda$. 如图 6-7 所示.

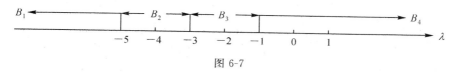

图 6-7

总结上述求解过程如下:

当 $\lambda \leqslant -5$ 时,原问题(6.17)的最优解为 $(0, \quad 0, \quad 0)^{\mathrm{T}}$,对应的最优值为 $s = 0$.

当 $-5 < \lambda \leqslant 3$ 时,原问题(6.17)的最优解为 $(0, \quad 5+\lambda, \quad 0)^{\mathrm{T}}$,对应的最优值为 $s = 5 + \lambda$.

当 $-3 < \lambda \leqslant -1$ 时,原问题(6.17)的最优解为 $(6+2\lambda, \quad -1-\lambda, \quad 0)^{\mathrm{T}}$,对应的最优值为 $s = 23 + 7\lambda$.

当 $-1 < \lambda < +\infty$ 时,原问题(6.17)的最优解为 $\left(\frac{28}{5} + \frac{8}{5}\lambda, \quad 0, \quad \frac{3}{5} + \frac{3}{5}\lambda\right)^{\mathrm{T}}$,对应的最优值为 $s = \frac{118}{5} + \frac{38}{5}\lambda$.

在实际问题中,b, c 的元素可能与多个参数有关,有时 A 中的元素也会随某些参数变化,对于这种更为复杂的参数线性规划问题,用下面例题说明求解过程.

例 3[*] 对于参数 λ, μ 的所有可能的取值,求解
$$\min s = (1 + \lambda + \mu)x_1 + (2 + \lambda - \mu)x_2$$
$$\begin{cases} x_1 + x_2 \leqslant 4 \\ 2x_1 - x_2 \leqslant 3 . \\ x_1 \geqslant 0, x_2 \geqslant 0 \end{cases} \tag{6.19}$$

解 上面的问题含有两个参数 λ, μ,给定一组 λ, μ 的值,与坐标平面上的一个点相对应,反之亦然. 对 λ, μ 的所有可能取值可充满整个平面. 下面求解这一参数规划问

题.首先将(6.19)式化为标准形式

$$\min s = (1+\lambda+\mu)x_1 + (2+\lambda-\mu)x_2$$

$$\begin{cases} x_1 + x_2 + x_3 = 4 \\ 2x_1 - x_2 + x_4 = 3 \\ x_j \geqslant 0, j = 1,2,3,4 \end{cases}, \qquad (6.20)$$

其中 $A = \begin{pmatrix} 1 & 1 & 1 & 0 \\ 2 & -1 & 0 & 0 \end{pmatrix}, b = \begin{pmatrix} 4 \\ 3 \end{pmatrix}, c = (1+\lambda+\mu, 2+\lambda-\mu, 0, 0).$

显然,基 $B_1 = (P_3, P_4) = \begin{pmatrix} 1 & 0 \\ 0 & 1 \end{pmatrix}$ 是可行基. B_1 对应的单纯形表如表 6-24.

表 6-24

		x_1	x_2	x_3	x_4
s	0	$-1-\lambda-\mu$	$-2-\lambda+\mu$	0	0
x_3	4	1	1	1	0
x_4	3	2	-1	0	1

要使基 B_1 是最优基,只需

$$\begin{cases} -1-\lambda-\mu \leqslant 0 \\ -2-\lambda+\mu \leqslant 0 \end{cases},$$

或 $\begin{cases} \lambda+\mu \geqslant -1 \\ \lambda-\mu \geqslant -2 \end{cases}.$

这两个不等式所表示的区域如图 6-8 中的区域 Ⅰ.

对于区域 Ⅰ 中的任意点 (λ, μ),基 B_1 都是最优基,对应的最优解为

$$x_1 = 0, x_2 = 0, x_3 = 4, x_4 = 3,$$

最优值为 $s = 0$.

再考虑直线 AR 左边的点(如图 6-8),这个区域中的点必使 $-1-\lambda-\mu > 0$,所以在表 6-24 中将非基变量 x_1 调入基变量,容易确定 $b_{21} = 2$ 为轴心项,将基变量 x_4 调出基变量,换基迭代后得新基 $B_2 = (P_3, P_1)$,对应的单纯形表如表 6-25.

表 6-25

		x_1	x_2	x_3	x_4
s	$\frac{3}{2}+\frac{3}{2}\lambda+\frac{3}{2}\mu$	0	$-\frac{5}{2}-\frac{3}{2}\lambda+\frac{1}{2}\mu$	0	$\frac{1}{2}+\frac{1}{2}\lambda+\frac{1}{2}\mu$
x_3	$\frac{5}{2}$	0	$\boxed{\frac{3}{2}}$	1	$-\frac{1}{2}$
x_1	$\frac{3}{2}$	1	$-\frac{1}{2}$	0	$\frac{1}{2}$

要使基 $B_2 = (P_3, P_1)$ 是最优基,只需

$$\begin{cases} -\frac{5}{2}-\frac{3}{2}\lambda+\frac{1}{2}\mu \leqslant 0 \\ \frac{1}{2}+\frac{1}{2}\lambda+\frac{1}{2}\mu \leqslant 0 \end{cases},$$

或 $\begin{cases} 3\lambda-\mu \geqslant -5 \\ \lambda+\mu \leqslant -1 \end{cases}.$

满足这个不等式组的所有的 λ,μ 的值都使 B_2 是最优基. 如图 6-8 中的区域 II 中的任意的 λ,μ,对应的最优解为

$$x_1 = \frac{3}{2}, x_2 = 0, x_3 = \frac{5}{2}, x_4 = 0,$$

最优值为 $s = \frac{3}{2}+\frac{3}{2}\lambda+\frac{3}{2}\mu.$

接下来再考虑 BR 左边的点(如图 6-8). 这些点必使 $-\frac{5}{2}-\frac{3}{2}\lambda+\frac{1}{2}\mu > 0$,类似前面的讨论,把 x_2 调入基变量,换基迭代后得新基 $B_3 = (P_2, P_1)$ 对应的单纯形表如表 6-26.

表 6-26

		x_1	x_2	x_3	x_4
s	$\frac{17}{3}+4\lambda+\frac{2}{3}\mu$	0	0	$\frac{5}{3}+\lambda-\frac{1}{3}\mu$	$-\frac{1}{3}+\frac{2}{3}\mu$
x_2	$\frac{5}{3}$	0	1	$\frac{2}{3}$	$-\frac{1}{3}$
x_1	$\frac{7}{3}$	1	0	$\frac{1}{3}$	$\frac{1}{3}$

要使基 B_3 是最优基,只需

$$\begin{cases} \dfrac{5}{3} + \lambda - \dfrac{1}{3}\mu \leqslant 0 \\[2mm] -\dfrac{1}{3} + \dfrac{2}{3}\mu \leqslant 0 \end{cases} \quad 或 \quad \begin{cases} 3\lambda - \mu < -5 \\[2mm] 2\mu \leqslant 1 \end{cases}.$$

满足上面不等式组的一切 λ, μ 的值都使 B_3 是最优基. 如图 6-8 中的区域 Ⅲ. 这时对应的最优解为

$$x_1 = \frac{7}{3}, x_2 = \frac{5}{3}, x_3 = 0, x_4 = 0,$$

最优值为 $s = \dfrac{17}{3} + 4\lambda + \dfrac{2}{3}\mu$.

我们再考虑 Ⅲ 的边界 CR 上面的点, 这些点使 $\mu > \dfrac{1}{2}$, 所以, 把表 6-26 中的 x_4 调入基变量, 换基迭代后得新基 $B_4 = (P_2, P_4)$ 对应的单纯形表如表 6-27.

表 6-27

		x_1	x_2	x_3	x_4
s	$8 + 4\lambda - 4\mu$	$1 - 2\mu$	0	$2 + \lambda - \mu$	0
x_2	4	1	1	1	0
x_4	7	3	0	1	1

要使基 B_4 是最优基, 只需满足不等式

$$\begin{cases} 1 - 2\mu \leqslant 0 \\ 2 + \lambda - \mu \leqslant 0 \end{cases},$$

或 $\quad \begin{cases} 2\mu \geqslant 1 \\ \lambda - \mu < -2 \end{cases}.$

满足上述不等式组的一切 λ, μ 的值, 都使 B_4 是最优基. 图 6-8 中的区域 Ⅳ 标明了 λ, μ 的取值范围, 这时对应的最优解为

$$x_1 = 0, x_2 = 4, x_3 = 0, x_4 = 7,$$

最优值为 $s = 8 + 4\lambda - 4\mu$.

综上所述, 如图 6-8

在区域 Ⅰ 中, 原问题(6.19)的最优解为 $x_1 = 0, x_2 = 0$, 最优值为 $s = 0$;

在区域Ⅱ中, 原问题(6.19)的最优解为 $x_1 = \dfrac{3}{2}, x_2 = 0$, 最优值为 $s = \dfrac{3}{2} + \dfrac{3}{2}\lambda + \dfrac{3}{2}\mu$;

在区域 Ⅲ 中, 原问题(6.19)的最优解为 $x_1 = \dfrac{7}{3}, x_2 = \dfrac{5}{3}$, 最优值为 $s = \dfrac{17}{3} + 4\lambda + \dfrac{2}{3}\mu$;

在区域 Ⅳ 中, 原问题(6.19)的最优解为 $x_1 = 0, x_2 = 4$, 最优值为 $s = 8 + 4\lambda - 4\mu$.

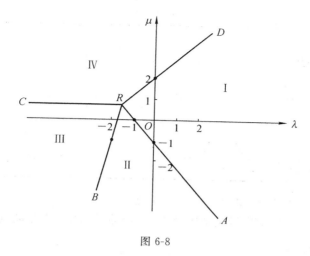

图 6-8

由例 3 的求解过程易知,当参数较多时求解更为复杂,手工计算也更困难.

【练习 6】

1. 对线性规划问题

$$\min s = 3x_1 + x_2$$

$$(L)\begin{cases} x_1 + x_2 \geqslant 1 \\ x_1 - 2x_2 \geqslant -1, \\ x_1 \geqslant 0, x_2 \geqslant 0 \end{cases}$$

(1) 求上述线性规划问题的最优解和最优值;

(2) 对 c_1 进行灵敏度分析;

(3) 对 b_1 进行灵敏度分析;

(4) 在下面的线性规划问题

$$\min s' = 3x_1 + x_2 + 2x_5$$

$$(L')\begin{cases} x_1 + x_2 - x_3 + x_5 = 1 \\ x_1 - 2x_2 - x_4 - 2x_5 = -1 \\ x_j \geqslant 0, j = 1, \cdots, 5 \end{cases}$$

中, 基 $B = (P_2, P_1)$ 是否为最优基?

2. 某工厂用甲、乙两种原料,生产 A_1, A_2, A_3, A_4 四种产品,每种产品对原料的单位消耗量如表 6-28.

表 6-28

每万件产品 所用原料数（公斤） 原料 产品	A_1	A_2	A_3	A_4	现有原料数 （公斤）
甲	3	2	10	4	18
乙	0	0	2	$\frac{1}{2}$	3
每万件产品利润（万元）	9	8	50	19	

(1)试建立数学模型,并求出最优生产方案?

(2)对产品 A_1 的价格进行灵敏度分析,当产品 A_1 的价格浮动到 15 万元时,生产方案如何改变?

(3)对原料甲的限额 b_1 进行灵敏度分析.

(4)如果工厂新增加用电不能超过 8 千瓦的限制,而生产 A_1,A_2,A_3,A_4 四种产品每一万件分别需耗电 4 千瓦、3 千瓦、5 千瓦和 2 千瓦,此时最优生产方案是否改变?

3.对参数 $\lambda \in (-\infty, +\infty)$,求解参数线性规划问题

$$\min s = (-6+\lambda)x_4 + (12-2\lambda)x_5 + (30-3\lambda)x_6 + (-50+10\lambda)x_7$$

$$\begin{cases} x_1 - x_4 + x_5 - x_6 + 2x_7 = 1 \\ x_2 + x_5 - 2x_6 + x_7 = 2 \\ x_3 - 3x_4 + 2x_5 + x_6 - x_7 = 3 \\ x_j \geqslant 0, j = 1, 2, \cdots, 7 \end{cases}.$$

4.对参数 $\lambda \in (-\infty, +\infty)$,求解线性规划问题

$$\min s = (-6+\lambda)x_1 + (12-\lambda)x_2 + (-4+\lambda)x_3$$

$$\begin{cases} 3x_1 + 4x_2 + x_3 \leqslant 2 \\ x_1 + 3x_2 + 2x_3 \leqslant 1 \\ x_1 \geqslant 0, x_2 \geqslant 0, x_3 \geqslant 0 \end{cases}.$$

5.对参数 $\mu \in (-\infty, +\infty)$,求解线性规划问题

$$\min s = 3x_1 + 2x_2$$

$$\begin{cases} \frac{1}{2}x_1 + x_2 = \frac{5}{2} + \frac{1}{2}\mu \\ -\frac{1}{2}x_1 + x_3 = \frac{3}{2} + \frac{1}{2}\mu \\ x_1 \geqslant 0, x_2 \geqslant 0, x_3 \geqslant 0 \end{cases}.$$

6.对参数 $\mu \in (-\infty, +\infty)$,求解线性规划问题

$$\min s = x_1 + 2x_2$$

$$\begin{cases} x_1 + x_2 \geqslant 2 - \mu \\ 2x_1 + 3x_2 \geqslant 5 - 3\mu. \\ x_1 \geqslant 0, x_2 \geqslant 0 \end{cases}$$

7. 对参数 λ, μ 的所有可能的取值,求解线性规划问题

$$\min s = (2 + 2\lambda + \mu)x_1 + (1 + \lambda - \mu)x_2$$

$$\begin{cases} x_1 + x_2 \leqslant 3 \\ 2x_1 - x_2 \leqslant 2 \quad . \\ x_1 \geqslant 0, x_2 \geqslant 0 \end{cases}$$

第七章　运输问题的特殊解法

第一节　运输问题的特性

在第一章中,我们曾建立了运输问题的数学模型,并且把运输问题归结为线性规划问题.下面回顾运输问题的一般模型及运输问题的基本性质.

一、产销平衡运输问题的数学模型

设某种物资有 m 个产地 $A_1, A_2, \cdots, A_m$,产量分别为 $a_1, a_2, \cdots, a_m$ 个单位;有 n 个销地 $B_1, B_2, \cdots, B_n$,销量分别为 $b_1, b_2, \cdots, b_n$ 个单位,又假定产销是平衡的,即

$$\sum_{i=1}^{m} a_i = \sum_{j=1}^{n} b_j;$$

另外,由产地 A_i 到销地 B_j 的单位物资运价 c_{ij} 是已知的.运价表如表 7-1.

表 7-1

	B_1	B_2	$\cdots$	B_n	产量
A_1	c_{11}	c_{12}	$\cdots$	c_{1n}	a_1
A_2	c_{21}	c_{22}	$\cdots$	c_{2n}	a_2
$\vdots$	$\vdots$	$\vdots$	$\cdots$	$\vdots$	$\vdots$
A_m	c_{m1}	c_{m2}	$\cdots$	c_{mn}	a_m
销量	b_1	b_2	$\cdots$	b_n	

试设计调运方案,使总运费最少.

设由产地 A_i 运往销地 B_j 的物资为 x_{ij} 个单位,平衡表如表 7-2.

表 7-2

产　地 \ 销　地	B_1	B_2	...	B_n	产　量
A_1	x_{11} 　　　c_{11}	x_{12} 　　　c_{12}	... ...	x_{1n} 　　　c_{1n}	a_1
A_2	x_{21} 　　　c_{21}	x_{22} 　　　c_{22}	... ...	x_{2n} 　　　c_{2n}	a_2
$\vdots$	$\vdots$	$\vdots$	...	$\vdots$	$\vdots$
A_m	x_{m1} 　　　c_{m1}	x_{m2} 　　　c_{m2}	... ...	x_{mn} 　　　c_{mn}	a_m
销　量	b_1	b_2	...	b_n	

上述运输问题的数学模型为

求 $x_{ij}(i=1,2,\cdots,m;\quad j=1,2,\cdots,n)$ 满足约束条件

$$
\begin{cases}
\sum_{j=1}^{n} x_{ij} = a_i & i=1,2,\cdots,m \\
\sum_{i=1}^{m} x_{ij} = b_j & j=1,2,\cdots,n \\
x_{ij} \geqslant 0, & i=1,2,\cdots,m;\quad j=1,2,\cdots,n
\end{cases}
\tag{7.1}
$$

并且使 $s = \sum_{i=1}^{m} \sum_{j=1}^{n} c_{ij} x_{ij}$ 达到最小.

公式(7.1)的矩阵形式为

$$\min s = cx$$

$$
\begin{cases}
Ax = b \\
x > 0
\end{cases},
$$

其中　$c = (c_{11}, c_{12}, \cdots, c_{1n}, c_{21}, c_{22}, \cdots, c_{2n}, \cdots, c_{m1}, c_{m2}, \cdots, c_{mn})$,

$b = (a_1, a_2, \cdots, a_m, b_1, b_2, \cdots, b_n)^{\mathrm{T}}$,

$x = (x_{11}, x_{12}, \cdots, x_{1n}, x_{21}, x_{22}, \cdots, x_{2n}, \cdots, x_{m1}, x_{m2}, \cdots, x_{mn})^{\mathrm{T}}$,

$$A = \begin{pmatrix} 1 & 1 & \cdots & 1 & & & & & & & & & \\ & & & & 1 & 1 & \cdots & 1 & & & & & \\ & & & & & & & & \ddots & & & & \\ & & & & & & & & & 1 & 1 & \cdots & 1 \\ 1 & & & & 1 & & & & & 1 & & & \\ & 1 & & & & 1 & & & \cdots & & 1 & & \\ & & \ddots & & & & \ddots & & & & & \ddots & \\ & & & 1 & & & & 1 & \cdots & & & & 1 \end{pmatrix}.$$

二、运输问题的性质

定理 1 设 $\sum\limits_{i=1}^{m} a_i = \sum\limits_{j=1}^{n} b_j$，则

（1）运输问题(7.1)有可行解，并且有最优解.

（2）运输问题(7.1)中系数矩阵 A 的秩等于 $m+n-1$.

证明 （1）设 $\sum\limits_{i=1}^{m} a_i = \sum\limits_{j=1}^{n} b_j = M$，取

$$x_{ij} = \frac{a_i b_j}{M} \quad (i=1,2,\cdots,m; \quad j=1,2,\cdots,n),$$

易证 $\{x_{ij}\}$ 满足(7.1)中的约束条件，则 $\{x_{ij}\}$ 是运输问题(7.1)的一个可行解.

又因为 $0 \leqslant x_{ij} \leqslant \min\{a_i,b_j\}$ $i=1,2,\cdots,m$; $j=1,2,\cdots,n$，说明所有变量都是有界的；(7.1)的可行集是凸多边形，因此(7.1)存在最优解.

（2）当 $m,n \geqslant 2$ 时，$m+n \leqslant mn$，即系数矩阵 A 的行数小于等于列数. 因此 A 的秩 $\text{rank}(A) \leqslant m+n$，因为(7.1)中的前 m 个方程之和

$$\sum_{i=1}^{m}\sum_{j=1}^{n} x_{ij} = \sum_{i=1}^{m} a_i$$

等于后 n 个方程之和 $\sum\limits_{i=1}^{m}\sum\limits_{j=1}^{n} x_{ij} = \sum\limits_{j=1}^{n} b_j$，所以 A 的行向量线性相关. 于是 $\text{rank}(A) < m+n$.

为证明 $\text{rank}(A) = m+n-1$，只须在 A 中找到一个 $(m+n-1) \times (m+n-1)$ 阶的非奇异子式 D. 取 A 的第 $2,3,\cdots,m+n$ 行与变量 $x_{11},x_{12},\cdots,x_{1n},x_{21},x_{31},\cdots,x_{m1}$ 的对应列相交的子式

$$D = \begin{vmatrix} & & 1 & & & & \\ & & & 1 & & & \\ & & & & \ddots & & \\ & & & & & & 1 \\ 1 & & & 1 & 1 & \cdots & 1 \\ & 1 & & & & & \\ & & \ddots & & & & \\ & & & 1 & & & \end{vmatrix} \neq 0,$$

即有 rank$(A) = m + n - 1$.

定理 1 中的(2)说明,平衡运输问题(7.1)的约束条件中的 $m + n$ 个等式中有一个是多余的. 即只要取其中 $m + n - 1$ 个线性无关的等式,就一定与原来的 $m + n$ 个等式组成同解方程组. 可以证明,这 $m + n$ 个等式中任意 $m + n - 1$ 个都线性无关(习题 7.1 第 1 题). 由此可知,该运输问题的每一组基应由 $m + n - 1$ 个变量组成. 那么,怎样的 $m + n - 1$ 个变量可以作为基变量呢? 为此,引入闭回路的概念.

对于一个平衡运输问题,平衡表和运价表是已知的. 例如物资有 A_1, A_2, A_3 三个产地,B_1, B_2, B_3, B_4 四个销地. 它的平衡表与运价表分别为表 7-3 和表 7-4:

表 7-3

销地 产地	B_1	B_2	B_3	B_4	产量
A_1	x_{11}	x_{12}	x_{13}	x_{14}	7
A_2	x_{21}	x_{22}	x_{23}	x_{24}	4
A_3	x_{31}	x_{32}	x_{33}	x_{34}	9
销量	3	6	5	6	

表 7-4

销地 产地	B_1	B_2	B_3	B_4	产量
A_1	3	11	3	12	7
A_2	1	9	2	8	4
A_3	7	4	10	5	9
销量	3	6	5	6	

其中的 x_{ij} 为产地 A_i 运往销地 B_j 的物资量.

定义 1 凡能排成如下形式

$$x_{i_1 j_1}, x_{i_1 j_2}, x_{i_2 j_2}, x_{i_2 j_3}, \cdots, x_{i_s j_s}, x_{i_s j_1}$$

(其中 $i_1, i_2, \cdots, i_s$ 互不相同,$j_1, j_2, \cdots, j_s$ 互不相同)的一组变量称为一个闭回路,称上述各变量为闭回路的顶点.

如在表 7-3 中,$x_{11}, x_{12}, x_{32}, x_{34}, x_{24}, x_{21}$ 就是一个闭回路. 这时,$i_1 = 1, i_2 = 3, i_3 = 2, j_1 = 1, j_2 = 2, j_3 = 4$;若把闭回路的顶点在表中画出,并把相邻两个变量用一条直线相连(称为闭回路的边),那么上面闭回路如表 7-5.

表 7-5

	B_1	B_2	B_3	B_4
A_1	x_{11}	x_{12}	x_{13}	x_{14}
A_2	x_{21}	x_{22}	x_{23}	x_{24}
A_3	x_{31}	x_{32}	x_{33}	x_{34}

又如 $x_{11}, x_{13}, x_{23}, x_{21}$ 和 $x_{22}, x_{23}, x_{13}, x_{14}, x_{34}, x_{32}$ 也是闭回路,见表 7-6 和表 7-7.

表 7-6

	B_1	B_2	B_3	B_4
A_1	x_{11}	x_{12}	x_{13}	x_{14}
A_2	x_2	x_{22}	x_{23}	x_{24}
A_3	x_{31}	x_{32}	x_{33}	x_{34}

表 7-7

	B_1	B_2	B_3	B_4
A_1	x_{11}	x_{12}	x_{13}	x_{14}
A_2	x_{21}	x_{22}	x_{23}	x_{24}
A_3	x_{31}	x_{32}	x_{33}	x_{34}

由表 7-5～表 7-7 可知,闭回路是一条封闭折线,折线的每一条边或者是水平的,或者是垂直的;闭回路的每个顶点都是该封闭折线的转折点,表中的每一行、每一列中至多只有闭回路的两个顶点.

引理 设 $x_{i_1j_1}, x_{i_1j_2}, x_{i_2j_2}, x_{i_2j_3}, \cdots, x_{i_sj_s}, x_{i_sj_1}$ 是一个闭回路,则有

$$P_{i_1j_1} - P_{i_1j_2} + P_{i_2j_2} - P_{i_2j_3} + \cdots + P_{i_sj_s} - P_{i_sj_1} = 0.$$

证明 直接计算便可证明上式成立(见习题 7.1 第 2 题):

从而 $x_{i_1j_1}, x_{i_1j_2}, x_{i_2j_2}, x_{i_2j_3}, \cdots, x_{i_sj_s}, x_{i_sj_1}$ 对应的列向量组线性相关.

定理 2 r 个变量

$$x_{i_1j_1}, x_{i_2j_2}, \cdots, x_{i_rj_r} \tag{7.2}$$

对应的列向量组线性无关的充要条件是(7.2)不包含闭回路.

证明 必要性 设(7.2)对应的列向量组线性无关,下面用反证法:

假设(7.2)包含闭回路,则由引理,闭回路对应的列向量组线性相关,由定理:"若向量组中有一部分线性相关,则整体也线性相关",可得(7.2)对应的列向量组亦线性相关,与题设矛盾. 所以,变量组(7.2)不包含闭回路.

充分性 即证如果(7.2)不包含闭回路,则 $P_{i_1j_1}, P_{i_2j_2}, \cdots, P_{i_rj_r}$ 线性无关.

设存在 r 个数组 $k_1, k_2, \cdots, k_r$ 使

$$k_1 P_{i_1j_1} + k_2 P_{i_2j_2} + \cdots + k_r P_{i_rj_r} = 0 \tag{7.3}$$

因为(7.3)不含闭回路,则必有某个变量是它所在行或列中出现于(7.2)中的唯一的变量.不妨设 $x_{i_1j_1}$ 是(7.2)在第 i_1 行上唯一的变量,由 P_{ij} 的特征可知,(7.3)式左端第 i_1 个分量的和是 k_1,而右端是 0,所以 $k_1 = 0$;这时(7.3)式变为

$$k_2 P_{i_2j_2} + \cdots + k_r P_{i_rj_r} = 0,$$

而 $x_{i_2j_2}, \cdots, x_{i_rj_r}$ 仍不含闭回路.类似前面的讨论,可依次推得 $k_2 = k_3 = \cdots = k_r = 0$.这就证明了 $P_{i_1j_1}, P_{i_2j_2}, \cdots, P_{i_rj_r}$ 线性无关.

推论 $m+n-1$ 个变量 $x_{i_1j_1}, x_{i_2j_2}, \cdots, x_{i_{m+n-1}j_{m+n-1}}$ 构成基变量的充要条件是它不含闭回路.

证明 (读者自行完成)(见习题7.1第3题)

上面的定理和推论是运输问题表上作业法和图上作业法的理论基础.它们给出了运输问题基的特征,因为用它来判断 $m+n-1$ 个变量是不是构成基,要比直接判断这些变量对应的列向量组是否线性无关简单得多.同时,用基的这个特征可以给出求运输问题的第一个基础可行解的简便方法.

第二节 运输问题的表上作业法

运输问题表上作业法的理论依据是单纯形方法原理.相应于单纯形方法的求解步骤,运输问题的表上作业法主要分三步进行:首先是求一个初始调运方案,其次是最优方案的判别,最后是方案的调整.经过有限次调整,达到最优方案.

例1 设物资有 A_1, A_2, A_3 三个产地,B_1, B_2, B_3, B_4 四个销地,已知运价表与平衡表见表7-8,(以后均把运价表与平衡表用一个表来表示,我们规定:运价写在右下角,运量写在左上角,且运量写在圆圈内),求总运费最少的调运方案?

表 7-8

销地 产地	B_1	B_2	B_3	B_4	发量
A_1	x_{11} 2	x_{12} 5	x_{13} 9	x_{14} 8	3
A_2	x_{21} 1	x_{22} 9	x_{23} 2	x_{24} 6	5
A_3	x_{31} 7	x_{32} 5	x_{33} 4	x_{34} 3	7
收量	6	3	2	4	15

一、第一个初始方案的求法

用最小元素法求初始调运方案时(如例 1),考虑运价表 7-8 中 c_{ij} 的值,运价低的要优先供应,从 c_{ij} 中取最小值的格子开始(若有几个格子同时达到最小,可任取其中一个). 在表 7-8 中,最小运价是 $c_{21}=1$,把它对应的变量 x_{21} 取为基变量,为满足 x_{21} 的值尽可能地大,取 $x_{21}=\min\{a_2,b_1\}=\min\{5,6\}=5$,在 x_{21} 处填上数 5,用圆圈圈起来,表示相应基变量的取值(见表 7-9);这时 A_2 的发量已全部运出,表明运价表上的第 2 行 A_2 的运价不再需要,因此在运价表 7-9 中把这一行划掉(表 7-9 中用虚线划掉第 2 行). 这时,B_1 收到了从 A_2 发来的 5,B_1 仍需要的数量是 $b_1'=b_1-x_{21}=6-5=1$,即 B_1 的当前收量为 1.

表 7-9

销地 产地	B_1	B_2	B_3	B_4	发量	
A_1	① 2	② 5	9	8	3	⑥
A_2	⑤ 1	9	2	6	5	①
A_3	7	① 5	② 4	④ 3	7	⑤
收量	6	3	2	4	15	
	②		④	③		

在未被划去的运价表中选取最小的：$c_{11}=2$ 为最小，把 x_{11} 选为基变量，A_1 的发量为 $a_1=3$，而 B_1 的当前收量为 $b'_1=1$，为使 x_{11} 的取值尽可能地大，取 $x_{11}=\min\{a_1,b'_1\}=\min\{3,1\}=1$，$x_{11}$ 处填上数 1. 因为 B_1 的收量已全部运入，表明运价表中第一列 B_1 的运价不再需要，所以划去第 1 列. 此时，A_1 发向 B_1 的数量为 1，A_1 的当前数量为 $a'_1=a_1-x_{11}=3-1=2$.

接下来取运价表中的最小运价 $c_{34}=3$，把 x_{34} 选入基变量，A_3 的发量为 7，而 B_4 的收量为 4，取 $x_{34}=\min\{a_3,b_4\}=\min\{7,4\}=4$，在 x_{34} 处填上数 4. 因为 B_4 的收量已全部运入，说明运价表中第 4 列 B_4 的运价不再需要，所以划去第 4 列. 这时，A_3 发往 B_4 的数量为 4，A_3 的当前发量为 $a'_3=a_3-x_{34}=7-4=3$.

仿照上述方法，根据最小运价原则，依次把 x_{33},x_{32},x_{12} 选取基变量，并赋值为 $x_{33}=2,x_{32}=1,x_{12}=2$，依次划去第 3 列、第 3 行、第 1 行. 至此，得到一个初始调运方案如表 7-9. 在表 7-9 中有圆圈的数是对应基变量的取值. 其余为非基变量，取值为零. 这个初始方案的总运费是

$$s=1\times5+2\times1+3\times4+4\times2+5\times1+5\times2=42.$$

注意 (1) 当最小元素取定后，如果当前的发量等于收量，这时选入一个变量 x_{ij} 为基变量，说明第 i 行的发量已全部发出，第 j 列的收量已满足. 这时在运价表中只能划去第 i 行 (或第 j 列)，当以后出现 c_{kj} (或 c_{it}) 最小时，又会有 B_j 已供足 (或 A_i 已发完)，这时须在 x_{kj} (或 x_{it}) 的格子上画圈填上数 0，表明这个基变量的值为 0.

(2) 如果调运方案已给出，而运价表中尚有一元素没有划出，这时在对应未划出的元素上对应的位置填上 0，这个 0 与其他有效数字意义相同.

例 2 运输问题由表 7-10 给出，用最小元素法建立一个初始方案.

表 7-10

产地　　销地	B_1	B_2	B_3	发量
A_1	x_{11}　　　1	x_{12}　　　2	x_{13}　　　3	1
A_2	x_{21}　　　3	x_{22}　　　1	x_{23}　　　2	2
A_3	x_{31}　　　2	x_{32}　　　3	x_{33}　　　1	4
收量	1	2	4	7

在表 7-10 中，c_{11},c_{22},c_{33} 同时取最小运价 1，在 x_{11},x_{22},x_{33} 中任取其一定为基变

量.如取 $x_{11}=1$,这时 A_1 已全部发完,B_1 也全部运入,划去第 1 行(或第 1 列);在运价表中再取最小运价 $c_{22}=1$,则 x_{22} 选入基变量,取 $x_{22}=2$,则 A_2 已全部发完,B_2 也全部运入,划去第 2 行(或第 2 列);再取最小运价 $c_{33}=1$,则 x_{33} 选入基变量,取 $x_{33}=4$,划去第 3 行(或第 3 列).如此,调运方案已经给出.但由定理 1,基变量的个数为 $3+3-1=5$ 个,在没有运量的格子里,任意取两个变量选入基变量.不妨取 $x_{31}=0,x_{32}=0$,这样便得到一个初始调运方案如表 7-11.

表 7-11

产地 ＼ 销地	B_1	B_2	B_3	发量
A_1	① ——— 1	2	3	1
A_2	3	② ——— 2	2	2
A_3	⓪ 2	⓪ 3	④ 1	4
收量	1	2	4	7

注意 初始调运方案可能不唯一.如例 2 中,目前的基变量为 $x_{11},x_{22},x_{31},x_{32},x_{33}$,如果我们把 0 运量填入其他没有运量的格子里,便会得到不同的初始调运方案.

二、求检验数,最优方案的判别

第一个初始调运方案建立后,便会得到一个基础可行解.接下来的问题就是,如何判别这个初始方案是否为最优方案.在单纯形方法中,我们是根据单纯形表中第 0 行的检验数来判别的.与单纯形方法原理相同,如果检验数中没有正数,则此调运方案最优;否则需要调整正的检验数,而检验数就是目标函数中非基变量的系数的相反数.下面介绍运输问题中求检验数的两种方法.

1.闭回路法

在例 1 中,由表 7-9 可知:基变量为 $x_{11},x_{12},x_{21},x_{32},x_{33},x_{34}$;非基变量为 $x_{13},x_{14},x_{22},x_{23},x_{24},x_{31}$.这时目标函数可表为

$$s = 42 - 0x_{11} - 0x_{12} - b_{03}x_{13} - b_{04}x_{14} - 0x_{21} - b_{06}x_{22} - b_{07}x_{23}$$
$$- b_{08}x_{24} - b_{09}x_{31} - 0x_{32} - 0x_{33} - 0x_{34},$$

(7.4)

这里 42 为初始调运方案的运费.

由(7.4)可以看出,若非基变量 x_{13} 的值由 0 增大为 1,其他非基变量仍为 0,这时总运费将增加 $-b_{03}$.

另外,为了保持平衡,从表 7-8 可见,x_{13} 增加 1,x_{33} 必减去 1,x_{32} 必增加 1,x_{12} 必减去 1,这时总运费增加 $c_{13} - c_{33} + c_{32} - c_{12}$.

于是,在非基变量 x_{13} 的值由 0 增加为 1 这个变化过程中,根据上述讨论得

$$-b_{03} = c_{13} - c_{33} + c_{32} - c_{12}, \quad 即 \quad b_{03} = (c_{33} + c_{12}) - (c_{13} + c_{32}),$$

而 $x_{13}, x_{33}, x_{32}, x_{12}, x_{13}$ 恰好为一条闭回路.

在调运表 7-9 中,从无运量的空格出发,沿水平或垂直方向前进,遇到有运量的有圈数字时,按照与前进方向垂直的方向转向前边,经若干次后,必然回到原来的空格处,就形成一条闭回路.

可以证明:过每个空格一定可以作唯一的一条闭回路(证明见参考文献[1]).

例如在表 7-9 中有如下回路:①过空格 x_{13} 的闭回路 $x_{13}, x_{33}, x_{32}, x_{12}, x_{13}$,②过空格 x_{14} 的闭回路 $x_{14}, x_{34}, x_{32}, x_{12}, x_{14}$,③过空格 x_{22} 的闭回路 $x_{22}, x_{21}, x_{11}, x_{12}, x_{22}$,④过空格 x_{23} 的闭回路 $x_{23}, x_{33}, x_{32}, x_{12}, x_{11}, x_{21}, x_{23}$,⑤过空格 x_{24} 的闭回路 $x_{24}, x_{34}, x_{32}, x_{12}, x_{11}, x_{21}, x_{24}$,⑥过空格 x_{31} 的闭回路 $x_{31}, x_{32}, x_{12}, x_{11}, x_{31}$;上述①⑤的闭回路见表 7-12.

表 7-12

销地 产地	B_1	B_2	B_3	B_4	发量
A_1	①	②			3
		1			
A_2	⑤				5
A_3	①	②		④	7
收量	6	3	2	4	15

而②③④⑥的闭回路见习题 7.2 的第 2 题.

我们在过空格 x_{ij} 的闭回路中,把第奇数次拐角点运价的总和减去第偶数次拐角点运价的总和,称为对应于空格 x_{ij} 的检验数,记为 λ_{ij}. 即

$\lambda_{ij}=$ 闭回路上奇数次拐角点的运价和 — 闭回路上偶数次拐角点的运价和.

在例 1 中,由表 7-12 中的闭回路,非基变量 x_{13},x_{24} 的检验数为

$$\lambda_{13}=(4+5)-(9+5)=-5,$$
$$\lambda_{24}=(3+5+1)-(6+5+2)=-4;$$

而例 1 中非基变量 x_{14},x_{22},x_{23},x_{31} 的检验数见习题 7.2 的第 3 题.

2. 位势法

现在介绍检验数的另一种求法——位势法.

设给定了一组基础可行解,对应基变量为 $x_{i_1 j_1}$,$x_{i_2 j_2}$,$\cdots$,$x_{i_r j_r}$,其中 $r=m+n-1$. 现在引进 $m+n$ 个未知量,$u_1,u_2,\cdots,u_m,v_1,v_2,\cdots,v_n$,并由上述基可行解出发,构造下面方程组

$$\begin{cases} u_{i_1}+v_{j_1}=c_{i_1 j_1} \\ u_{i_2}+v_{j_2}=c_{i_2 j_2} \\ \quad\vdots\qquad\quad\vdots \\ u_{i_r}+v_{j_r}=c_{i_r j_r} \end{cases}, \tag{7.5}$$

该方程组(7.5)中共有 $m+n$ 个未知数,$m+n-1=r$ 个方程.

定理 3 任何基础可行解对应的方程组(7.5)都有解.

证明 易知,(7.5)的系数矩阵恰好是矩阵 A 中 $x_{i_1 j_1}$,$x_{i_2 j_2}$,$\cdots$,$x_{i_r j_r}$ 对应的列向量所组成的矩阵的转置,即

$$(P_{i_1 j_1},P_{i_2 j_2},\cdots,P_{i_r j_r})^{\mathrm{T}}.$$

因为 $x_{i_1 j_1}$,$x_{i_2 j_2}$,$\cdots$,$x_{i_r j_r}$ 是一组基,所以 $P_{i_1 j_1}$,$P_{i_2 j_2}$,$\cdots$,$P_{i_r j_r}$ 线性无关,而(7.5)只有 $m+n-1=r$ 个方程,所以(7.5)系数矩阵的秩为 $m+n-1$,故(7.5)必有解.

称方程组(7.5)为位势方程组,方程组(7.5)的任意一组解称为位势.

注意 由于位势方程组(7.5)中有一个自由未知量,因此方程组(7.5)的解不唯一.

仍如例 1,用最小元素法建立的初始方案如表 7-9. 画圈的数就是一组基础可行解,由基变量 x_{11},x_{12},x_{21},x_{32},x_{33},x_{34} 所确定. 这时按照(7.5)构造的方程组为

$$\begin{cases} u_1+v_1=c_{11}=2 \\ u_1+v_2=c_{12}=5 \\ u_2+v_1=c_{21}=1 \\ u_3+v_2=c_{32}=5 \\ u_3+v_3=c_{33}=4 \\ u_3+v_4=c_{34}=3 \end{cases}. \tag{7.6}$$

下面说明例 1 中位势方程组(7.6)的求解方法. 在求解 u_1,u_2,u_3 与 v_1,v_2,v_3,v_4

时,不必写出方程组(7.6),只要记住对于画圈的数而言,$c_{ij} = u_i + v_j$ 即可. 可以先在 $u_1, u_2, u_3, v_1, v_2, v_3, v_4$ 中任意取定一个未知量,例如取 $u_1 = 0$,这时在 A_1 的左边写一个 0. 由于 $u_1 = 0$,则 $v_1 = 2, v_2 = 5$;由 $v_1 = 2$,得 $u_2 = -1$,由 $v_2 = 5$,得 $u_3 = 0$,由 $u_3 = 0$,得 $v_3 = 4, v_4 = 3$. 把得到的一组解填在表 7-9 的最左边与最上边得表 7-13.

表 7-13

产地 \\ 销地	2 B₁	5 B₂	4 B₃	3 B₄	发量
0 A_1	① 2	② 5	9	8	3
−1 A_2	⑤ 1	9	2	6	5
0 A_3	7	① 5	② 4	④ 3	7
收量	6	3	2	4	15

求出位势后,由下面的定理 4 给出检验数的求法.

定理 4 设一组基础可行解已知,且

$$u_1 = c_1, u_2 = c_2, \cdots, u_m = c_m, v_1 = d_1, v_2 = d_2, \cdots, v_n = d_n$$

是该基础可行解对应的位势,则非基变量 x_{ij} 对应的检验数 λ_{ij} 为

$$\lambda_{ij} = c_i + d_j - c_{ij},\ \text{即}\ \lambda_{ij} = u_i + v_j - c_{ij}\ (\text{证明见参考文献}[1]).$$

由此可知:用定理 4 求非基变量的检验数是非常容易的.

续解例 1 如下:求其中非基变量 $x_{13}, x_{14}, x_{22}, x_{23}, x_{24}, x_{31}$ 对应的检验数分别为:

$\lambda_{13} = u_1 + v_3 - c_{13} = 0 + 4 - 9 = -5, \lambda_{14} = u_1 + v_4 - c_{14} = 0 + 3 - 8 = -5,$

$\lambda_{22} = u_2 + v_2 - c_{22} = -1 + 5 - 9 = -5, \lambda_{23} = u_2 + v_3 - c_{23} = -1 + 4 - 2 = 1,$

$\lambda_{24} = u_2 + v_4 - c_{24} = -1 + 3 - 6 = -4, \lambda_{31} = u_3 + v_1 - c_{31} = 0 + 2 - 7 = -5.$

上面位势数的计算也可以直接在表上进行. 根据 $\lambda_{ij} = c_i + d_j - c_{ij}$,将表 7-13 中非基变量 $x_{13}, x_{14}, x_{23}, x_{23}, x_{24}, x_{31}$ 的检验数求出,并填在相应的格子中得表 7-14.

表 7-14

产地＼销地	2 B_1	5 B_2	4 B_3	3 B_4	发量
0　A_1	① 2	② 5	−5 9	−5 8	3
−1　A_2	⑤ 1	−5 9	1 2	−4 6	5
0　A_3	−5 7	① 5	② 4	④ 3	7
收量	6	3	2	4	15

说明 在表 7-14 中,有圈的格子是基变量,圈中的数字是基变量的值,无圈的格子是非基变量;A_i 的左边和 B_j 上边的数字是非基变量的位势,无圈格子中的数是非基变量的检验数.

最优解的判别法则是:求出检验数,若检验数中没有正数,则这一方案为最优方案;若检验数中有正数,则需要对方案进行调整.

三、方案的调整

当一个调运方案的检验数出现正数时,就必须进行调整;也就是单纯形方法中的换基迭代,其关键是求出轴心项 b_{rs},以决定用非基变量 x_s 代替基变量 x_{jr},求出新的基础可行解.对于运输问题,这个过程可在原调运方案表上进行.对原方案表中的空格依次求检验数,把第一个出现正检验数的空格所对应的非基变量改为基变量,使这个非基变量的值由零增大到一个适当的数值.为了保持平衡,这一空格的闭回路上各拐角点的基变量值需要进行相应改变.改变的原则是:其中至少一个基变量的值为零,变为非基变量(多个基变量为零时,只能其中一个改为非基变量),同时必须保证改变后的基变量不出现负数.

定义 非基变量增大的数值称为调整变量,记为 δ;根据上述改变原则,调整数 δ 取为闭回路中第奇数次拐角点中最小的调运量.即

$$\delta = 闭回路中奇数次拐角点的最小调运量.$$

调整数 δ 求出后,把闭回路中第奇数次拐角点的数各减去调整数 δ,第偶数次拐角点的数各加上调整数 δ,这样便得到一个新的调运方案.对新的调运方案再进行判别、调整.经过若干次调整后,一定能得到最优调运方案.

仍续例 1:由表 7-14,第一个出现正检验数的是 $\lambda_{23} = 1$,则 x_{23} 选为进基变量,从

x_{23} 出发的闭回路 $x_{23},x_{33},x_{32},x_{12},x_{11},x_{21},x_{23}$ 见表 7-15.

表 7-15

产地\销地	B_1	B_2	B_3	B_4	发量
A_1	①　　2	②　　5	−5　　9	−5　　8	3
A_2	⑤　　1	−5　　9	1　　2	−4　　6	5
A_3	−5　　7	①　　5	②　　4	④　　3	7
收量	6	3	2	4	15

于是调整数 $\delta = \min\{x_{33},x_{12},x_{21}\} = \min\{2,\ \ 2,\ \ 5\} = 2$，然后在闭回路第奇数次拐角点各数减去调整数 2，第偶数次拐角点各数加上调整数 2，便得一新的调运方案如表 7-16.

表 7-16

产地\销地	B_1	B_2	B_3	B_4	发量
A_1	③　　2	⓪　　5	9	8	3
A_2	③　　1	9	②　　2	6	5
A_3	7	③　　5	4	④　　3	7
收量	6	3	2	4	15

这样新的调运方案的总运费是
$$s = 2\times3 + 5\times0 + 1\times3 + 2\times2 + 5\times3 + 3\times4 = 40 (元).$$
在表 7-16 空格处，用位势法继续求各非基变量的检验数如表 7-17.

表 7-17

产地 \ 销地	1 B₁	4 B₂	2 B₃	2 B₄	发量
1 A₁	③ 2	⓪ 5	−6 9	−5 8	3
0 A₂	③ 1	−5 9	② 2	−4 6	5
1 A₃	−5 7	③ 5	−1 4	④ 3	7
收量	6	3	2	4	15

由表 7-17 可见各非基变量的检验数为

$$\lambda_{13} = -6, \lambda_{14} = -5, \lambda_{22} = -5, \lambda_{24} = -4, \lambda_{31} = -5, \lambda_{33} = -1$$

已经均为负数. 由最优判别准则, 这一方案已经是最优方案, 总运费 $s = 40$ (元).

综上所述, 求解运输问题表上作业法的具体步骤是

① 用最小元素法求一个初始调运方案;

② 对每个空格, 作闭回路, 求对应空格的检验数 λ_{ij}:

$\lambda_{ij} =$ 闭回路上奇数次拐角点的运价和 − 闭回路上偶数次拐角点的运价和

或用位势法求对应的检验数; 求出检验数后, 进行方案最优性的判别, 若检验数全部非正, 则为最优方案, 否则转入下步;

③ 用闭回路调整法求一个新的调运方案, 对于新的方案重复②, 迭代有限次后, 便可得到最优调运方案.

例 3 求解运价表由表 7-18 给出的运输问题.

表 7-18

产地 \ 销地	B₁	B₂	B₃	B₄	发量
A₁	3	11	3	12	7
A₂	1	9	2	8	4

销地 产地	B_1	B_2	B_3	B_4	发量
A_3	7	4	10	5	9
收量	3	6	5	6	20

解 用最小元素法求初始调运方案见表7-19.

表 **7-19**

销地 产地	B_1	B_2	B_3	B_4	发量
A_1	3	11	④ 3	③ 12	7
A_2	③ 1	9	① 2	8	4
A_3	7	⑥ 4	10	③ 5	9
收量	3	6	5	6	20

对表7-19用位势法求检验数,得表7-20.

表 **7-20**

销地 产地	2 B_1	11 B_2	3 B_3	12 B_4	发量
0　A_1	-1 　3	0 　11	④ 3	③ 12	7
-1　A_2	③ 1	1 　9	① 2	5 　6	4
-7　A_3	-12 　7	⑥ 4	-14 　10	③ 5	9
收量	3	6	5	6	20

由表 7-20，x_{22} 的检验数 $\lambda_{22} = 1 > 0$，闭回路见表 7-20，用表 7-20 中的闭回路进行调整，调整量 $\delta_1 = \min\{1,3,6\} = 1$，调整后的新方案见表 7-21.

表 7-21

产地 \ 销地	3 B_1	11 B_2	3 B_3	12 B_4	发量
0　A_1	0 　　3	−1 　　11	⑤ 　　3	② 　　12	7
−2　A_2	③ 　　1	① 　　9	−1 　　4	2 　　6	4
−7　A_3	−11 　　7	⑤ 　　4	−14 　　10	④ 　　5	9
收量	3	6	5	6	20

对表 7-21 再用位势法求检验数，仍见表 7-21，由于 x_{24} 的检验数 $\lambda_{24} = 2 > 0$，需再进行调整，对表 7-21 中的闭回路再调整：调整量 $\delta_2 = \min\{1,4\} = 1$，得新方案见表 7-22.

表 7-22

产地 \ 销地	5 B_1	11 B_2	3 B_3	12 B_4	发量
0　A_1	2 　　3	0 　　11	⑤ 　　3	② 　　12	7
−4　A_2	③ 　　1	−2 　　9	−3 　　2	① 　　6	4
−7　A_3	−9 　　7	⑥ 　　4	−14 　　10	③ 　　5	9
收量	3	6	5	6	20

对表 7-22 中的新方案求检验数，仍见表 7-22，由于 x_{11} 的检验数 $\lambda_{11} = 2 > 0$，对表 7-22 中的闭回路继续调整，调整量 $\delta_3 = \min\{3,2\} = 2$，得到新的调运方案见表 7-23.

表 7-23

销地 产地	3 B_1	9 B_2	3 B_3	10 B_4	发量
0 A_1	② 3	−2 11	⑤ 3	−2 12	7
−2 A_2	① 1	−2 9	−1 2	③ 8	4
−5 A_3	−9 7	⑥ 4	−12 10	③ 5	9
收量	3	6	5	6	20

对表 7-23 中的新方案求检验数,仍见表 7-23,易见检验数已全部非正,因此表 7-23 的调运方案为最优方案. 此时,最小运费为

$$s = 2 \times 3 + 5 \times 3 + 1 \times 1 + 3 \times 8 + 6 \times 4 + 3 \times 5 = 85(\text{元}).$$

注意 当最优方案中非基变量的检验数为零时,最优方案可能不唯一.

例 4 某物资从 A_1, A_2, A_3 三个产地,发往 B_1, B_2, B_3, B_4 四个销地,运价表如表 7-24,求运价最省的调运方案?

表 7-24

销地 产地	B_1	B_2	B_3	B_4	发量
A_1	① 2	② 5	9	8	3
A_2	⑤ 1	3	2	6	5
A_3	① 3	② 5	④ 4	3	7
收量	6	3	2	4	15

用最小元素法在表 7-24 中建立初始调运方案,再通过适当的方法求非基变量的检验数,求得 $\lambda_{22} = 1 > 0$,故需调整,此时调整量 $\delta = 2$,调整后的方案如表 7-25.

表 7-25

产地\销地	B_1	B_2	B_3	B_4	发量
A_1	③ 2	5	9	8	3
A_2	③ 1	② 3	2	6	
A_3	3	① 5	② 4	④ 3	7
收量	6	3	2	4	15

由于表 7-25 中的所有检验数均非正数，$\lambda_{12} = -1$，$\lambda_{13} = -6$，$\lambda_{14} = -6$，$\lambda_{23} = 0$，$\lambda_{24} = -5$，$\lambda_{31} = 0$，于是表 7-25 对应的调运方案为最优方案. 此时，

总运费 $s = 2 \times 3 + 1 \times 3 + 3 \times 2 + 5 \times 1 + 4 \times 2 + 3 \times 4 = 40$（元）.

这里，由于检验数 $\lambda_{31} = 0$，故最优方案可能不唯一，按表 7-25 中的闭回路调整方法，得另一个最优方案如表 7-26：

表 7-26

产地\销地	B_1	B_2	B_3	B_4	发量
A_1	③ 2	5	9	8	3
A_2	② 1	③ 3	2	6	5
A_3	① 3	5	② 4	④ 3	7
收量	6	3	2	4	15

此时，总运费不变.

表 7-25 中，因为检验数 $\lambda_{23} = 0$，用类似方法对 x_{23} 的闭回路调整，也可得另外一个最优方案（略）.

因此，当求得的最优方案中某检验数为零时，最优方案可能不唯一. 换基迭代可得另一个最优方案，此时，最优值不会改变.

四、产销不平衡的运输问题

上述介绍的是平衡运输问题的解法. 但在实际应用中, 常常会遇到不平衡运输问题, 即总产量 $\sum\limits_{i=1}^{m} a_i$ 与总销量 $\sum\limits_{j=1}^{n} b_j$ 不相等的运输问题. 对于不平衡运输问题可经过简单的处理化为平衡运输问题来解决.

当产量大于收量, 即 $\sum\limits_{i=1}^{m} a_i > \sum\limits_{j=1}^{n} b_j$ 时, 运输问题的数学模型为

$$\min s = \sum_{i=1}^{m} \sum_{j=1}^{n} c_{ij} x_{ij}$$

$$\begin{cases} \sum\limits_{j=1}^{n} x_{ij} \leqslant a_i, & i = 1, 2, \cdots, m \\ \sum\limits_{i=1}^{m} x_{ij} = b_j, & j = 1, 2, \cdots, n \\ x_{ij} \geqslant 0, & i = 1, 2, \cdots, m, \quad j = 1, 2, \cdots, n \end{cases} \qquad (7.7)$$

现在我们把(7.7)化为平衡运输问题.

引进松弛变量 $x_{i,n+1} \geqslant 0$ $(i = 1, 2, \cdots, m)$, 则(7.7)中的 m 个不等式变为等式

$$\sum_{j=1}^{n} x_{ij} + x_{i,n+1} = a_i \quad (i = 1, 2, \cdots, m).$$

在调运表上假设一个虚拟的销地 B_{n+1}, 它的销量为 $b_{n+1} = \sum\limits_{i=1}^{m} a_i - \sum\limits_{j=1}^{n} b_j$. 而 $x_{i,n+1}$ 视为 A_i 到 B_{n+1} 的物资调运数量, 也就是把物资存储在产地 A_i 的数量, 并令相应的单位运价 $c_{i,n+1} = 0 (i = 1, 2, \cdots, m)$. 于是, (7.7)转化为平衡运输问题

$$\min s = \sum_{i=1}^{m} \sum_{j=1}^{n} c_{ij} x_{ij}$$

$$\begin{cases} \sum\limits_{j=1}^{n+1} x_{ij} = a_i, & i = 1, 2, \cdots, m \\ \sum\limits_{i=1}^{m} x_{ij} = b_j, & j = 1, 2, \cdots, n \\ x_{ij} \geqslant 0, & i = 1, 2, \cdots, m; \quad j = 1, 2, \cdots, n \end{cases},$$

其中 $\sum\limits_{i=1}^{m} a_i = \sum\limits_{j=1}^{n} b_j$.

当产量小于收量,即 $\sum\limits_{i=1}^{m} a_i < \sum\limits_{j=1}^{n} b_j$ 时,可用类似方法转化为一个平衡问题.

例5 设某种物资,有三个产地 A_1, A_2, A_3,产量分别为 7,5,7(单位吨),有四个销地 B_1, B_2, B_3, B_4,销量分别为 2,3,4,6(单位吨),每个产地到销地的单位运价见表7-27:

表 7-27

产地＼销地	B_1	B_2	B_3	B_4	发量
A_1	2	11	3	4	7
A_2	10	3	5	9	5
A_3	7	8	1	2	7
收量	2	3	4	6	19／15

这是一个总产量大于总销量的问题. 根据上述讨论,虚设一个销地 B_5,它的销量为 $B_5 = 4$,并设 $A_i (i = 1,2,3)$ 运往 B_5 的运价都是零,则得到一个新的平衡运输问题如表7-28.

表 7-28

产地＼销地	B_1	B_2	B_3	B_4	B_5	发量
A_1	2	11	3	4	0	7
A_2	10	3	5	9	0	5
A_3	7	8	1	2	0	7
收量	2	3	4	6	4	19

表 7-28 已经是一个平衡运输问题,按照前面介绍的方法可求得它的最优调运方案.

注意 在用最小元素法建立初始方案时,要把运价为零的一列除掉,再利用最小元素法求出初始方案如表7-29.

表 7-29

销地\产地	B_1	B_2	B_3	B_4	B_5	发量
A_1	② 2	11	3	③ 4	② 0	7
A_2	10	③ 3	5	9	② 0	5
A_3	7	8	④ 1	③ 2	0	7
收量	2	3	4	6	4	19

用位势法可求得表 7-29 中,各个非基变量的检验数均非正数,所以表 7-29 对应的方案就是最优调运方案,此时

总运费 $s = 2\times2 + 4\times3 + 0\times2 + 3\times3 + 0\times2 + 1\times4 + 2\times3 = 35.$

例 6 某地区有 A,B,C 三个化肥厂,供应甲、乙、丙、丁四个产粮区的农用化肥,设各化肥厂年产量、各产粮区需求量及各化肥厂到各产粮区每吨化肥的运价,如表 7-30,试求出总的运费最节省的调拨方案.

表 7-30

运输单价(元/吨)\产地	甲	乙	丙	丁	产量/万吨
A	16	13	22	17	50
B	14	13	19	15	60
C	19	20	23	8	50
销量/万吨	50	70	30	60	210 / 160

解 这是一个产销不平衡的运输问题,总产量为 160 万吨,总销量为 210 万吨,总产量小于总销量.假设一个新产地 D,产地 D 的产量为 50 万吨,并令产地 D 发往四个产粮区的单位运价 $c_{4j} = 0 (j=1,2,3,4)$,则得下面平衡运输问题.如表 7-31.

表 7-31

运输单价 (元/吨) 产地 \ 销地	甲	乙	丙	丁	产量/万吨
A	16	13	22	17	50
B	14	13	19	15	60
C	19	20	23	8	50
D	0	0	0	0	50
销量/万吨	50	70	30	60	210

对于平衡运输问题,如表 7-31,用运输问题的表上作业法可以求得最优调运方案. 因为例 6 的数字较大,求解过程可通过软件实现.

第三节　运输问题的图上作业法

运输问题另外一种直观、简便的解法是图上作业法.它是上世纪七十年代我国东北的物资调运组从实践中总结出来的一种方法.图上作业法是一种迭代法,主要通过三步完成:首先求一个物资调运的初始调运方案,再检查这个方案是否为最优;如果不是最优,将之调整成为一个更好的方案;重复几次,直到得到最优方案为止.

类似于运输问题的表上作业法,图上作业法的理论依据仍然是单纯形方法原理.

一、规定和术语

图上作业法首先要制作初始调运方案,这个初始调运方案要画一个示意交通图,在本节中我们做如下规定:

在交通图上,用圆圈"〇"表示发点,发量记在圆圈里,即"ⓐ",表示该发点的发量数为 a;用方块"□"表示收点,收量记在方块"□"里面,即"$\boxed{b}$"表示该收点的收量数为 b;两点间交通线的长度,记在交通线旁边,如"$\underline{\quad c \quad}$"表示长度为 c;物资调运的流量线用"→"表示,把"→"画在前进方向交通线的右边,并把通过物资的流量 d 加上圆括号写在交通流量线旁边,即"$\overset{(d)}{\longleftarrow}$"表示在该流量线上的流量为 d.

例如,图 7-1 是一个物资调运流向图,表示发量为 6,收量为 6;交通线长度为 10,

物资调运的流量为8.

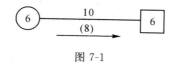

图 7-1

又如图 7-2 是表 7-32 的物资调运流向图：

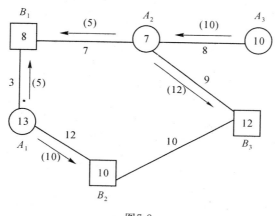

图7-2

表 7-32

	B_1	B_2	B_3	
A_1	3	10		13
A_2	5		2	7
A_3			10	10
	8	10	12	

下面介绍物资调运流向图中用到的两个术语：

（1）对流

同一物资在同一线路上往返运输（同一线路上两个方向都有流向的运输）称为对流. 如图 7-3，把 A_1 的 12 吨物资运往 B_2，又把 A_2 的 10 吨物资运往 B_1，这样 A_1A_2 间就出现了对流现象.

如果把调运流向图改为图 7-4，即把 A_1 的 10 吨运往 B_1，A_1 的 2 吨运往 B_2，A_2 的 10 吨运往 B_2，此时的调运方案就是一个没有对流的方案.

（2）迂回

首先解释内、外圈流向总长的概念. 在圈外面的流向叫做外圈流向，在圈里面的流向叫做内圈流向，所有内（外）圈流向的长度（也就是流向所在边的长）加起来的和称为

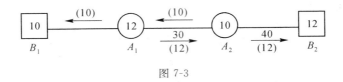

图 7-3

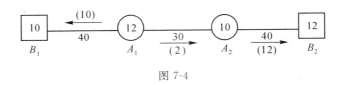

图 7-4

内(外)圈流向的总长.如图 7-5 和图 7-6.

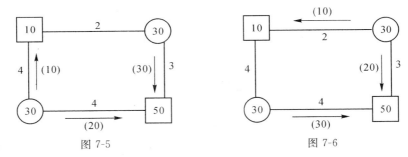

图 7-5   图 7-6

在交通流向图 7-5 中,总长等于 13,其内圈总长等于 7,外圈总长等于 4;而图 7-6 中,总长仍为 13,其内圈总长等于 3,外圈总长等于 6.

如果流向图中内圈流向的总长(简称内圈长)或外圈流向的总长(简称外圈长)大于整圈总长的一半,则称该调运方案有迁回.如图 7-5 中,因为内圈长（7）> $\frac{总长（13）}{2}$,所以图 7-5 是有迁回运输现象.而图 7-6 中内圈长（3）< $\frac{总长（13）}{2}$,外圈长（6）< $\frac{总长（13）}{2}$,所以图 7-6 是无迁回运输.

定理 5   一个物资调运方案中,如果没有对流和迁回,则这个调运方案就是最优方案.

证明   略.

综上所述,物资调运问题图上作业法的求解步骤是

① 求一个没有对流的初始方案;

② 检查此调运方案是否有迁回,如果没有迁回,此方案便为最优方案;

③ 如果有迁回,需调整,直到没有迁回为止.

物资调运的交通图分无圈图和有圈图两种.下面分别介绍在两种交通图下,最优调运方案的求解方法.

二、无圈交通图

顾名思义,无圈交通图即在整个物资调运时没有形成回路.因此,所建立的物资调运方案不可能有迂回.根据定理5,只要保证所建立的方案没有对流,便能保证方案的最优性.而在无圈图中求出一个初始方案,判别是否有对流则一目了然.下面举例说明无圈交通图最优方案的求法.

例1　某种物资总量35吨,从三个发地 A_1,A_2,A_3 运往四个收地 B_1,B_2,B_3,B_4.发量和收量及交通图如图7-7,求最优的调运方案.

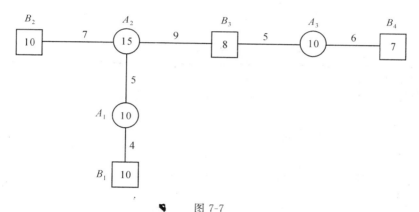

图 7-7

解　求一个没有对流的流向图.具体作法是:由各端点(如 B_1,B_2 和 B_4)开始,由外向里,逐步进行各收发点之间的供销平衡.比如从 B_1 开始,把 A_1 的10吨运往 B_1,则 A_1 的物资全部运完,B_1 的需求也得到满足;再从 B_2 开始,把 A_2 的10吨运往 B_2,则 B_2 的需求已满足,A_2 的剩余5吨运往 B_3,此时 A_2 的物资全部运完;最后,把 A_3 的3吨运往 B_3,A_3 的7吨运往 B_4,则所有发点的物资全部运完,所有收点的需求也得到满足.于是得到调运流向图7-8.

图7-8是一个无对流的流向图,对应的调运方案为最优方案如表7-33.

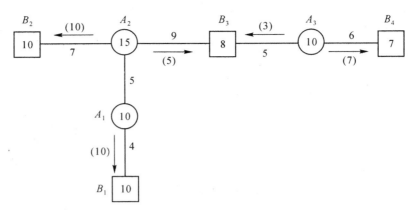

图 7-8

表 7-33

产地＼销地	B_1	B_2	B_3	B_4	发量
A_1	⑩ 4	12	14	25	10
A_2	9	⑩ 7	⑤ 9	20	15
A_3	23	21	③ 5	⑦ 6	10
收量	10	10	8	7	35

注意 (1)表 7-33 的调运方案中只有 5 个基变量,而根据定理 1,基变量的个数为 $3+4-1=6$ 个;所以在流向图 7-8 中需加流量↓(0)或↑(0),为了保证加入流量↓(0)后不出现对流现象,图 7-8 中可能填入的流量是:A_2 发往 B_1 ↓(0);A_1 发往 B_2 ↑(0);A_1 发往 B_3 ↑(0).把其中的一种填入表 7-33(如 A_2 发往 B_1 填上零运量).

(2)根据上述讨论,最优调运方案并不唯一;但没有对流的方案,其调运量是一样的.

(3)由表 7-33,此最优调运方案的基变量为 x_{11},x_{21},x_{22},x_{23},x_{33},x_{34},总运费
$$s = 4 \times 10 + 9 \times 0 + 7 \times 10 + 9 \times 5 + 5 \times 3 + 6 \times 7 = 212.$$

三、有圈交通图

我们知道,在无圈交通图中,只要做出无对流的流向图,就是最优流向图.而在有圈交通图中,由定理 5,既没有对流也没有迂回的流向图才是最优方案.

对于一般的物资调运问题,设有 m 个发点和 n 个收点,且产销平衡,当交通图有圈时,求最优调运方案分下面三步:

第1步 在交通图上作无对流的流向图,具体作法是

①丢边破圈,直至无圈,得到有 $m+n-1$ 条边的无圈图;

②在得到的无圈图上作无对流的流向图,保证有流向的边恰有 $m+n-1$ 条;

③补回丢掉的边,得到原有圈图上无对流的流向图.

第2步 在有圈流向图中检验每个圈是否有迂回,如果内(外)圈长都小于整个圈总长的一半,则此流向图最优,否则需调整;

第3步 检验时,如果存在一个圈的内(外)圈长大于总圈长的一半,则

①求调整量 δ,$\delta =$ 该圈中内(外)圈流量中最小的一个;

②在此圈中的所有内(外)圈流向上运量减去 δ,此圈中所有外(内)圈流向上的运量加上 δ;并在此圈中原来没有流向的边添上一个运量为 δ 的外(内)圈流向;

③不在此圈中的所有流向、运量不变,这样得到一个新的流向图.转到第 2 步,经有限次检验,调整,便得到最优方案.

说明 一般情况下,"丢边破圈"所遵循的规则有:一是优先丢大边,二是优先丢掉相邻都是收点或发点的边.

例 2 下图是一个产销平衡的运输问题.总量 7 万吨,从 A_1,A_2,A_3 三个发点(发量分别为 3,3,1)运往 B_1,B_2,B_3,B_4 四个收点(收量分别为 2,3,1,1).交通图如图 7-9,求总运量最小的物资调运方案.

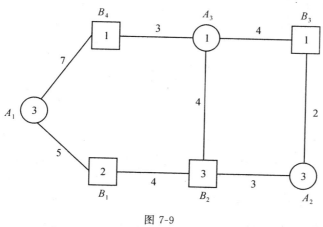

图 7-9

解 (1)先作一个没有对流的流向图

根据"丢边破圈"的规则,丢一边,破一圈,直至无圈.如在图 7-9 中,先丢掉边 A_1B_4,破 $A_1B_4A_3B_2B_1$ 圈;再丢掉 A_3B_3 边,破 $A_2B_2A_3B_3$ 圈.这时,得到有 $3+4-1=6$

条边的无圈交通图如图 7-10.

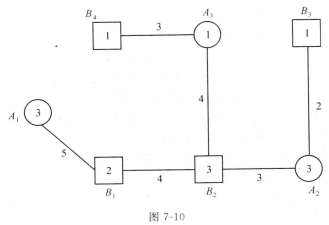

图 7-10

在无圈交通图 7-10 上作没有对流的流向图,如图 7-11.

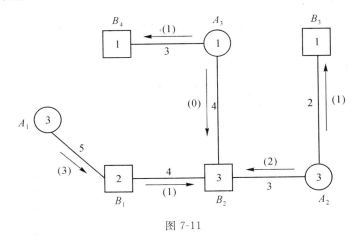

图 7-11

注意 当某边没有流向时,必须添上调运量为零的虚流向.图 7-11 中添上虚流向 A_3 运往 B_2,再补回丢掉的边 A_1B_4 和 A_3B_3,就得到一个没有对流的流向圈如图 7-12.

(2)检验有无迁回

图 7-12 中共有 3 个圈,分别为 $A_1B_4A_3B_2B_1$(简称左圈), $A_2B_3A_3B_2$(简称右圈), $A_1B_1B_2A_2B_3A_3B_4$(简称大圈),对每个圈逐一检查有无迁回现象.

在左圈中,总长 $= 7+3+4+4+5 = 23$,内圈长 $= 4 < \dfrac{23}{2}$,外圈长 $= 5+4+3$

$= 12 > \dfrac{23}{2}$,说明在左圈的外圈上有迁回.此方案不是最优,需调整.

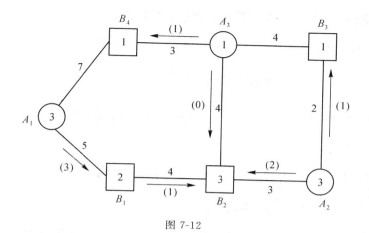

图 7-12

（3）调整

在有迁回的圈上，找到运量最小的边，对应的运量是调整量. 之后，对有迁回的外圈流量都减去调整量，各内圈流量都加上调整量，原来无流向的边也添上一个内圈流向，流量等于调整量.

在例 2 中，调整量 $\delta = \min\{3, 1, 1\} = 1$，对外圈流量都减去 1，对内圈流量都加上 1，原来无流向的边 $A_1 B_4$ 添上内圈流向，流量为 1；调整后得到新的无对流流向图，如图 7-13.

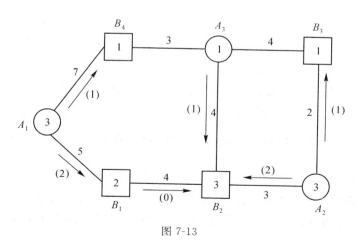

图 7-13

注意 ①不在此圈上的流向，流量不变.

②在有迁回的外圈中，$B_1 B_2$，$A_3 B_4$ 边的运量都是 1，这时调整后只能有一条边无流向，而另一条保留为有流向，且流量为零.

对新的流向图,如图 7-13,再检验各圈有无迁回.

在左圈中,总长 $= 7+3+4+4+5 = 23$,内圈长 $= 7+4 = 11 < \dfrac{23}{2}$,外圈长 $= 5+4 = 9 < \dfrac{23}{2}$,所以左圈无迁回.

在右圈中,总长 $= 4+4+2+3 = 13$,内圈长 $= 3 < \dfrac{13}{2}$,外圈长 $= 4+2 = 6 < \dfrac{13}{2}$,所以右圈无迁回.

在大圈中,总长 $= 7+5+4+3+2+4+3 = 28$,内圈长 $= 3+7 = 10 < \dfrac{28}{2}$,外圈长 $= 5+4+2 = 11 < \dfrac{28}{2}$,所以大圈也无迁回.

可见,图 7-13 的三个圈中均无迁回,所以图 7-13 就是最优流向图.

根据此流向图建立的调运方案如表 7-34.

表 7-34

产地＼销地	B_1	B_2	B_3	B_4	发量
A_1	2	0		1	3
A_2		2	1		3
A_3		1			1
收量	2	3	1	1	7

总运量 $= 2\times5+2\times3+1\times2+1\times4+1\times7 = 29$(万吨).

注意 (1)为了便于区别内圈流向和外圈流向,规定流量线必须画在交通线前进方向的右侧.

(2)流向图中必须保持有 $m+n-1$ 条边有流向,否则会少一个基变量.

(3)每次调整后得到新的流向图,必须在每个圈上检验有无迁回.

(4)由于"丢边破圈"的方式不同,所得的初始流向图也不同,但最后的总运量相同.

例3 某物资从发点 A_1,A_2,A_3 运往收点 B_1,B_2,B_3,交通图如图 7-14,求最优调运方案.

解 丢掉边 A_1B_2 和 A_2B_2,在无圈图上建立没有对流的初始调运方案,再补回丢

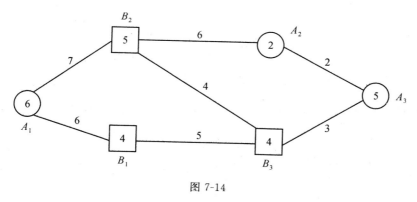

图 7-14

掉的边,如图 7-15.

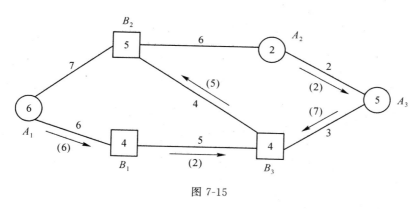

图 7-15

在图 7-15 的三个圈中检验有无迂回.

左圈中,总长 $= 7+6+5+4 = 22$,外圈长 $= 6+5+4 = 15 > \dfrac{22}{2}$,所以在左圈的外圈上有迂回,需调整,调增量 $\delta_1 = \min\{6,2,5\} = 2$,调整后,得新的调运方案,如图 7-16.

对于图 7-16 的三个圈,再检验有无迂回.

左圈中,总长 $= 7+6+5+4 = 22$,外圈长 $= 6+4 = 10 < \dfrac{22}{2}$,内圈长 $= 7 < \dfrac{22}{2}$,所以左圈中无迂回.

右圈中,总长 $= 4+3+2+6 = 15$,外圈长 $= 0 < \dfrac{15}{2}$,内圈长 $= 2+3+4 = 9 > \dfrac{15}{2}$,所以在右圈的内圈中有迂回.需调整,调整量 $\delta_2 = \min\{2,7,3\} = 2$,调整后,得新的调运方案,如图 7-17.

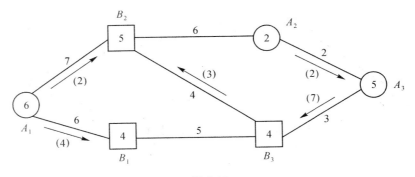

图 7-16

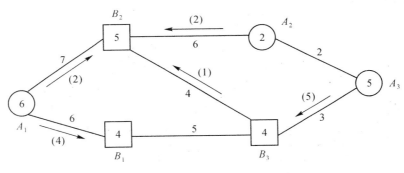

图 7-17

再对图 7-17 中的三个圈检验有无迁回.

左圈中,总长 $= 22$,外圈长 $= 10 < \dfrac{22}{2}$,内圈长 $= 7 < \dfrac{22}{2}$,所以左圈无迁回.

右圈中,总长 $= 15$,外圈长 $= 6 < \dfrac{15}{2}$,内圈长 $= 7 < \dfrac{15}{2}$,所以右圈无迁回.

大圈中,总长 $= 29$,外圈长 $= 12 < \dfrac{29}{2}$,内圈长 $= 10 < \dfrac{29}{2}$,所以大圈无迁回.

经检验,图 7-17 的方案是最优调运方案,调运方案如表 7-35.

表 7-35

产 地 ＼ 销 地	B_1	B_2	B_3	发量
A_1	4	2		6
A_2		2		2
A_3		1	4	5
收量	4	5	4	

总运量 $= 4\times6+2\times7+1\times7+4\times3 = 69.$

例 3 中,如果优先丢掉边 A_1B_2 和 B_2B_3,求最优调运方案(习题 7.3 第 2 题)

【练习 7】

1. 证明:运输问题的约束条件方程组(7.1)中,任何一个方程都可以取作多余方程.

2. 设 $x_{i_1j_1}, x_{i_1j_2}, x_{i_2j_2}, x_{i_2j_3}, \cdots, x_{i_sj_s}, x_{i_sj_1}$ 是一个闭回路,证明
$$P_{i_1j_1} - P_{i_1j_2} + P_{i_2j_2} - P_{i_2j_3} + \cdots + P_{i_sj_s} - P_{i_sj_1} = 0.$$

3. $m+n-1$ 个变量 $x_{i_1j_1}, x_{i_2j_2}, \cdots, x_{i_{m+n-1}j_{m+n-1}}$ 构成基变量的充要条件是它不含闭回路.

4. 求下列运输问题的初始调运方案.

(1)
表 7-36

产 地 ＼ 销 地	B_1	B_2	B_3	B_4	发量
A_1	2	9	10	7	9
A_2	1	3	4	2	5
A_3	8	4	2	5	7
收量	3	8	4	6	21

(2)

表 7-37

产地＼销地	B_1	B_2	B_3	发量
A_1	8	5	7	4
A_2	9	4	6	4
A_3	1	3	2	3
收量	3	2	6	11

5. 在表 7-12 中画出空格 $x_{14}, x_{22}, x_{23}, x_{31}$ 的闭回路.

6. 在 7.2 节例 1 中（见表 7-12），求非基变量 $x_{14}, x_{22}, x_{23}, x_{31}$ 的检验数.

7. 求下列运输问题的最优解：

(1) 运价表见表 7-36;

(2) 运价表为 7-38.

表 7-38

产地＼销地	B_1	B_2	B_3	B_4	发量
A_1	7	8	1	4	3
A_2	2	6	5	3	5
A_3	1	4	2	7	8
收量	2	1	7	6	16

8. 某地区三个工厂 A, B, C, 生产的产品供应甲、乙、丙、丁四个用户. 每个工厂可供应产品的数量及四个用户对产品的需求量均已知，每个工厂运往供应地的运价（元/吨）见表 7-39, 求总运费最少的调运方案.

表 7-39

用户 运输单价 工厂	甲	乙	丙	丁	供应量
A	3	5	7	11	10
B	1	4	6	3	13
C	5	8	12	7	17
需求量	15	12	8	5	40

9. 某公司从两个产地 A_1, A_2 将物品运往三个销地 B_1, B_2, B_3，各产地产量和各销地销量以及各产地运往各销地的每件物品的运费如表 7-40：

表 7-40

销地 运输单价 产地	B_1	B_2	B_3	产量/件
A_1	6	4	6	300
A_2	6	5	5	300
销量/件	150	150	200	600 / 500

应如何组织运输，使总运费为最小？

10. 已知某运输问题的产量、销量及运输单价如表 7-41：

(1) 用最小元素法求出此运输问题的初始解；

(2) 用表上作业法求出此运输问题的最优解；

(3) 此运输方案只有一个最优解，还是具有无穷多最优解？为什么？

(4) 如果销地 B_1 的销量从 20 增加为 30，其他数据不变，请用表上作业法求出其最优调运方案.

表 7-41

运输单价 销 地 产 地	B_1	B_2	B_3	产量
A_1	8	7	4	15
A_2	3	5	9	20
销量	20	10	20	35 50

11. 物资从 A_1, A_2, A_3, A_4 运往 B_1, B_2, B_3, B_4, B_5, 交通图如图 7-18, 求最优调运方案.

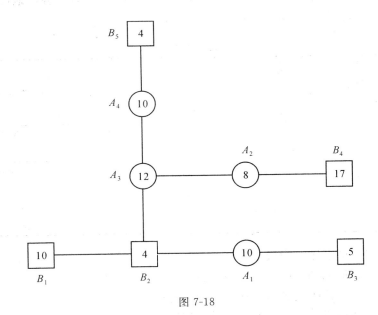

图 7-18

12. 把第三节中的例 3, 从丢掉边 A_1B_2 和 B_2B_3 开始, 求最优调运方案.

13. 某种物资, 从发点 A_1, A_2, A_3, A_4 运往收点 B_1, B_2, B_3, 交通图如图 7-19, 求最优调运方案.

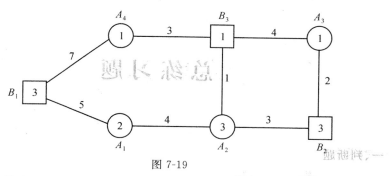

图 7-19

14.某物资从发地 A_1, A_2, A_3 运往收地 B_1, B_2, B_3,交通图如图 7-20,求最优调运方案.

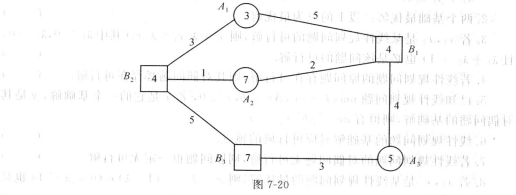

图 7-20

15.某物资从发地 A_1, A_2, A_3, A_4 运往收地 B_1, B_2, B_3, B_4, B_5,交通图如图 7-21,求最优调运方案.

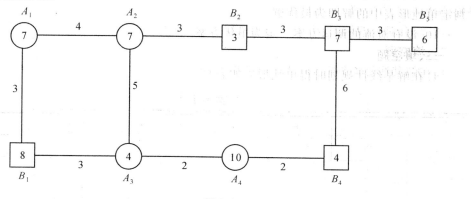

图 7-21

总练习题

一、判断题

1. $\min f = \sum_{i=1}^{m} a_i^2 x_i + \sum_{j=1}^{n} b_j^2 y_j,$
   $x_i + y_i \leqslant c_{ij}^2 \quad , i = 1, 2, \cdots, m; j = 1, 2, \cdots, n$ 是线性规划模型. （　　）

2. 两个基础最优解线段上的点为最优解. （　　）

3. 若 x_1, x_2 是某线性规划问题的可行解,则 $x = \lambda_1 x_1 + \lambda_2 x_2$(其中 $\lambda_1 > 0, \lambda_2 > 0$, 且 $\lambda_1 + \lambda_2 = 1$) 也必是该问题的可行解. （　　）

4. 若线性规划问题的原问题存在可行解,则其对偶问题必存在可行解. （　　）

5. 已知线性规划问题 $\max f = cx, Ax \leqslant b, x \geqslant 0$,若 x 是它的一个基础解,y 是其对偶问题的基础解,则恒有 $cx \leqslant yb.$（　　）

6. 线性规划问题的基础解对应可行域的顶点. （　　）

7. 若线性规划问题的对偶问题无可行解,则原问题也一定无可行解. （　　）

8. 若 x_1, x_2 是某线性规划问题的最优解,则 $x = \lambda x_1 + (1-\lambda) x_2 (0 \leqslant \lambda \leqslant 1)$ 也是该问题的最优解. （　　）

9. 用单纯形法求解标准形的线性规划问题,当所有检验数 $c_B B^{-1} A - c \leqslant 0$ 时,即可判定单纯形表中的解即为最优解. （　　）

10. 没有对流的调运方案一定为最优方案. （　　）

二、填空题

1. 在解某线性规划时得单纯形表如表总-1

表总-1

		x_1	x_2	x_3	x_4	x_5
s	25	-2	0	0	c	0
	3	-4	1	0	a	0
	2	2	0	0	b	1
	6	5	0	1	-2	0

由表总-1可知:

(1)表总-1对应的基 $B=$ _____;

(2)当_____时,基 B 是最优基,此时的最优解 $x=$ _____;

(3)当_____时,基 B 是可行基,而问题无最优解;

(4)当_____时,基 B 是非优可行基,可经换基迭代为: $B_1=(P_2,P_4,P_3)$,并能使 s 下降.

2.设线性规划问题(L)的一个基 $B=(p_1,p_3)$,基 B 对应的单纯形表如表总-2

表总-2

	x_1	x_2	x_3	x_4
4	0	-3	0	p
r	1	1	0	q
4	0	2	1	-2

(1)当_____时,基 B 是可行基,在此情况下当_____时,(L)无最优解;

(2)当_____时,基 B 是最优基;

(3)当_____时,基 B 是对偶可行基,在此情况下当_____时,(L)无可行解.

3.线性规划问题的可行解集必是_____集.若有最优解一定可以在可行解集的_____点上找到.

4.若线性规划问题有最优解,则其对偶问题必有_____解,而且它们对应的目标函数值_____.

5.在交通图上作运输流向图时,当没有_____和_____时,则是一个最优的调运方案.

6.设线性规划问题: $\begin{cases} \min s = cx \\ Ax = b \\ x \geqslant 0 \end{cases}$,其中: $R(A)=m$. 基 B 满足_____时是基础可行基,对应基础可行解为 $x=$ _____.

7.设线性规划问题 $LP\,I$ 和 $LP\,II$ 是一对互对偶的规划问题,若 $LP\,I$ 和 $LP\,II$ 中任一个_____,则另一个无可行解.若 $LP\,I$ 和 $LP\,II$ 中任一个_____,则另一个有最优解.

8.线性规划问题的任两个可行解连线上的点都是规划问题的_____.

$$\min s = cx$$

9. 设规划问题的标准形: $\begin{cases} Ax = b, \\ x \geqslant 0. \end{cases}$ 其中: $A = (a_{ij})_{m \times n}$, $R(A) = m$ 基 B 是
_____, 对应基变量的个数为 _____, 对应的单纯形表 $T(B) =$
_____.

10. 用最小元素法求得运输问题的初始方案必是这个问题的 _____ 解.

三、数学模型与图解法

1. 设某工厂用 A_1, A_2 两种原料生产 B_1, B_2 两种产品. 其经济背景如表总 -3:

表总-3

产品（吨） 原料（吨）	B_1	B_2	现有原料总数
A_1	3	4	9
A_2	5	2	8
利润（千元/吨）	10	5	

(1)试建立能获得利润最大的规划问题的数学模型.

(2)用图解法求解此规划问题.

2. 设某工厂用方料和板材生产书桌和书柜,其经济背景如表总-4:

表总-4

产 品 原 料	书桌	书柜	现有原料总数
方料	0.1	0.2	9 m³
板材	2	1	60 m²
利润（元/只）	80	120	

(1)试建立能获得利润最大的规划问题的数学模型.

(2)用单纯形方法求解此规划问题,

(3)用图解法求出最优解来检验.

(4)并指出用单纯形方法计算中的第二个表格对应的基础可行解 $x =$?,对应图解法可行域中那一点?

四、线性规划的标准形式与对偶问题

1. 写出下列线性规划问题的对偶问题

(1) $\max s = -x_1 + x_2 + x_3$

$$\begin{cases} x_1 + x_2 + 2x_3 \leqslant 25 \\ -x_1 + 2x_2 - x_3 \geqslant 2 \\ x_1 - x_2 \quad + x_3 = 3 \\ x_1 \geqslant 0, x_3 \geqslant 0, x_2 \text{ 无非负限制} \end{cases};$$

(2) $\min s = -2x_1 + 3x_2 - 5x_3 + x_4$

$$\begin{cases} -x_1 + x_2 - 3x_3 + x_4 \geqslant 5 \\ -2x_1 + 2x_3 - x_4 \leqslant 4 \\ x_2 + x_3 + x_4 = 6 \\ x_{1,2,3} \geqslant 0, x_4 \text{ 无非负限制} \end{cases}.$$

2. 把下列线性规划问题化为标准形式

(1) $\max s = -2x_1 + 3x_2 + x_3$

$$\begin{cases} x_1 - x_2 + 2x_3 \geqslant 8 \\ 2x_1 + x_2 - 3x_3 \leqslant 20 \\ -x_1 + x_2 + 2x_3 = -2 \\ x_{1,3} \geqslant 0, \ x_2 \text{ 无非负限制} \end{cases};$$

(2) $\max s = -2x_1 + 2x_2 - 3x_3$

$$\begin{cases} -x_1 + x_2 + x_3 \geqslant 4 \\ -2x_1 + x_2 - x_3 = 6 \\ 3x_1 - 2x_3 \leqslant 3 \\ x_{1,2} \geqslant 0, \ x_3 \text{ 无非负限制} \end{cases}.$$

五、求解下列线性规划问题

1. 用单纯法求解下列线性规划问题

(1) $\min z = 4x_1 + 3x_2 + 8x_3$

$$\begin{cases} x_1 + x_3 \geqslant 2 \\ x_2 + 2x_3 \geqslant 5 \\ x_1, x_2, x_3 \geqslant 0 \end{cases};$$

(2) $\min z = 3x_1 + 4x_2 + 50x_5$

$$\begin{cases} \dfrac{1}{2}x_1 - \dfrac{2}{3}x_2 + \dfrac{1}{2}x_3 + x_4 = 2 \\ \dfrac{3}{4}x_1 + \dfrac{3}{2}x_3 + x_5 = 3 \\ x_i \geqslant 0, i = 1, \cdots, 5 \end{cases};$$

(3) $\max z = -x_1 + x_2 - x_3 + 3x_5$

$$\begin{cases} x_2 + x_3 - x_4 + 2x_5 = 6 \\ x_1 + 2x_2 - 2x_4 = 5 \\ 2x_2 + x_4 + 3x_5 + x_6 = 8 \\ x_i \geqslant 0, \ i = 1, \cdots, 6 \end{cases}.$$

2. 求解下列线性规划问题

(1) $\max z = x_1 + 2x_2$

$$\begin{cases} 2x_1 + x_2 \leqslant 8 \\ -x_1 + x_2 \leqslant 4 \\ x_1 - x_2 \leqslant 0 \\ 0 \leqslant x_1 \leqslant 3, x_2 \geqslant 0 \end{cases};$$

(2) $\min z = x_1 + 6x_2 + 4x_3$

$$\begin{cases} -x_1 + 2x_2 + 2x_3 \leqslant 13 \\ 4x_1 - 4x_2 + x_3 \leqslant 20 \\ x_1 + 2x_2 + x_3 \leqslant 17 \\ x_1 \geqslant 1, x_2 \geqslant 2, \ x_3 \geqslant 3. \end{cases}$$

3. 用大 M 法或两阶段法求解下列线性规划问题

(1) $\min z = 2x_1 + x_2 - x_3 - x_4$

(2) $\max z = 2x_1 - x_2 + 2x_3$

$$\begin{cases} x_1 - x_2 + 2x_3 - x_4 = 2 \\ 2x_1 + x_2 - 3x_3 + x_4 = 6 \\ x_1 + x_2 + x_3 + x_4 = 7 \\ x_1, x_2, x_3, x_4 \geqslant 0 \end{cases}; \qquad \begin{cases} x_1 + x_2 + x_3 \geqslant 6 \\ -2x_1 + x_3 \geqslant 2 \\ 2x_2 - x_3 \geqslant 0 \\ x_1 \geqslant 1, x_2 \geqslant 2, x_3 \geqslant 3. \end{cases}.$$

六、对偶单纯形方法

(1) 用对偶单纯形方法求解此线性规划问题.

(2) 写出原规划问题的对偶问题,并求对偶问题目标函数的最优值.

1. $\min s = 4x_1 + 12x_2 + 18x_3$

$$\begin{cases} x_1 + 3x_3 \geqslant 3 \\ 2x_2 + 2x_3 \geqslant 5; \\ x_1, x_2, x_3 \geqslant 0 \end{cases}$$

2. $\min s = x_1 + 2x_2 + 3x_3 + 4x_4$

$$\begin{cases} x_1 + 2x_2 + 2x_3 + 3x_4 \geqslant 30 \\ 2x_1 + x_2 + 3x_3 + 2x_4 \geqslant 20; \\ x_1, x_2, x_3, x_4 \geqslant 0 \end{cases}$$

3. $\min s = 2x_1 + x_2 + x_3$

$$\begin{cases} x_1 - x_2 + x_3 = 3 \\ -x_1 + 2x_2 \geqslant 2 \\ x_1, x_2, x_3 \geqslant 0 \end{cases}.$$

七、运输问题

根据产销平衡表及运价表

(1) 用最小元素法建立初始方案.

(2) 求运费最省的调运方案和总运费.

(3) 问最优调运方案是否为唯一方案?如不唯一,请再求一个最优方案.

1.

表总-5

销地 产地	B_1	B_2	B_3	产量	B_1	B_2	B_3
A_1				56	4	8	8
A_2				82	16	24	16
A_3				77	8	16	24
销量	72	102	41				

2.

表总 -6

销地 产地	B_1	B_2	B_3	产量	B_1	B_2	B_3
A_1				40	6	10	10
A_2				80	2	6	4
A_3				60	4	6	8
销量	120	40	20				

八、最短路径问题

利用图上作业法求最优调运方案.（运用'丢边破圈法',首先丢掉最长边,写出初始方案、检验、调整过程,并将最优调运方案填入平衡表内.）

1.

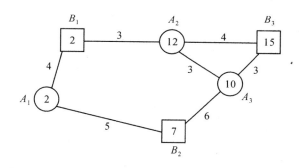

2.

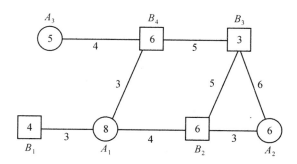

练习题答案与提示

练习 1

1. $\max z = 2x_1 + 5x_2$

$$\begin{cases} x_1 + 2x_2 \leqslant 8 \\ 6x_1 \leqslant 24 \\ 5x_2 \leqslant 15 \\ x_1, x_2 \geqslant 0 \end{cases}$$

2. $\min s = 600x_{11} + 300x_{12} + 400x_{13} + 400x_{21} + 700x_{22} + 300x_{23}$

$$\begin{cases} x_{11} + x_{12} + x_{13} = 60 \\ x_{21} + x_{22} + x_{23} = 80 \\ x_{11} + x_{21} = 50 \\ x_{12} + x_{22} = 50 \\ x_{13} + x_{23} = 40 \\ x_{ij} \geqslant 0 (i = 1, 2; j = 1, 2, 3) \end{cases}$$

3. $\max z = 200x_1 + 300x_2$

$$\begin{cases} 2x_1 + 2x_2 \leqslant 12 \\ x_1 + 2x_2 \leqslant 8 \\ 4x_1 \leqslant 16 \\ 4x_2 \leqslant 12 \\ x_1, x_2 \geqslant 0 \end{cases}$$

4. $\min z = 20x_1 + 25x_2 + 30x_3$

$$\begin{cases} 5x_1 + 6x_2 + 8x_3 \geqslant 15 \\ 3x_1 + 4x_2 + 6x_3 \geqslant 20 \\ 8x_1 + 5x_2 + 4x_3 \geqslant 25 \\ 10x_1 + 12x_2 + 8x_3 \geqslant 30 \\ x_1, x_2, x_3 \geqslant 0 \end{cases}$$

5. $\max z = 60x + 20y$

$$\begin{cases} 4x + 2y \leqslant 16 \\ 0.5x + y \geqslant 3.5 \\ x, y \in \mathbf{N} \end{cases}$$

6. $\max z = 7x_1 + 12x_2$

$$\begin{cases} 3x_1 + 10x_2 \leqslant 300 \\ 9x_1 + 4x_2 \leqslant 360 \\ 4x_1 + 5x_2 \leqslant 200 \\ x_1 \geqslant 0, x_2 \geqslant 0 \end{cases}$$

7. $\min z = 50x_{11} + 60x_{12} + 70x_{13} + 60x_{21} + 110x_{22} + 160x_{23}$

$$\begin{cases} x_{11} + x_{12} + x_{13} = 23 \\ x_{21} + x_{22} + x_{23} = 27 \\ x_{11} + x_{21} = 17 \\ x_{12} + x_{22} = 18 \\ x_{13} + x_{23} = 15 \\ x_{ij} \geqslant 0, i = 1,2; j = 1,2,3 \end{cases}$$

8. $\min z = 0.3x_1 + 1.1x_2 + 0.9x_3 + 0.8x_5 + 1.5x_6 + 0.6x_7 + 1.4x_8 + 0.5x_9$

$$\begin{cases} 2x_1 + 2x_2 + x_3 + x_4 + x_5 = 200 \\ x_1 + 2x_3 + x_4 + 3x_6 + 2x_7 + x_8 = 100 \\ x_2 + 2x_4 + 3x_5 + 2x_7 + 3x_8 + 5x_9 = 300 \\ x_1, x_2, \cdots, x_9 \geqslant 0 \end{cases}$$

练习2

1. (1) 令 $x_2 = x'_2 - x''_2$，其中 $x'_2 \geqslant 0, x''_2 \geqslant 0$

$\min s = x_1 - x'_2 + x''_2$

$$\begin{cases} -2x_1 + x'_2 - x''_2 + x_3 = 2 \\ x_1 - 2(x'_2 - x''_2) + x_4 = 2 \\ x_1 + x'_2 - x''_2 + x_5 = 5 \\ x_1 \geqslant 0, x'_2 \geqslant 0, x''_2 \geqslant 0, x_3 \geqslant 0, x_4 \geqslant 0, x_5 \geqslant 0 \end{cases}$$

(2) $\min s = 2x_1 - 3x'_2 + 3x''_2$

$$\begin{cases} x_1 + x'_2 - x''_2 - x_3 = 5 \\ 3x_1 - x'_2 + x''_2 + x_4 = 2 \\ x_1 \geqslant 0, x'_2 \geqslant 0, x''_2 \geqslant 0, x_3 \geqslant 0, x_4 \geqslant 0 \end{cases}$$

(3) 令 $x'_1 = -x_1, x_4 = x'_4 - x''_4$

$\min s = x'_1 + 2x_2 - x_3$

$$\begin{cases} -x'_1 + x_3 - x'_4 + x''_4 + x_5 = 1 \\ 2x'_1 - x_2 + x_3 + x_6 = 2 \\ -3x'_1 + x_2 + x_3 - x'_4 + x''_4 = 1 \\ x'_1 \geqslant 0, x_2, x_3 \geqslant 0, x'_4 \geqslant 0, x''_4 \geqslant 0, x_5 \geqslant 0, x_6 \geqslant 0 \end{cases}$$

(4) 令 $x_2 = x'_2 - x''_2$，其中 $x'_2 \geqslant 0, x''_2 \geqslant 0$

$$\min s = -2x_1 - 3x'_2 + 3x''_2$$

$$\begin{cases} x_1 + 2x'_2 - 2x''_2 + x_3 = 8 \\ -x_1 + x'_2 - x''_2 - x_4 = 1 \\ x_1 + x_5 = 2 \\ x_1 \leqslant 0, x'_2 \geqslant 0, x''_2 \geqslant 0, x_3 \geqslant 0, x_4 \geqslant 0, x_5 \geqslant 0 \end{cases}$$

练习 3

2. $B_1 = (P_1 \quad P_2) = \begin{pmatrix} 3 & 5 \\ 6 & 2 \end{pmatrix}, B_2 = (P_1 \quad P_3) = \begin{pmatrix} 3 & 1 \\ 6 & 0 \end{pmatrix}, B_3 = (P_1 \quad P_4) = \begin{pmatrix} 3 & 0 \\ 6 & 1 \end{pmatrix},$

$B_4 = (P_2 \quad P_3) = \begin{pmatrix} 5 & 1 \\ 2 & 0 \end{pmatrix}, B_5 = (P_2 \quad P_4) = \begin{pmatrix} 5 & 0 \\ 2 & 1 \end{pmatrix}, B_6 = (P_3 \quad P_4) = \begin{pmatrix} 1 & 0 \\ 0 & 1 \end{pmatrix}.$

3. (1) 共有两个基础解 $x^{(1)} = (1,3,0,0)^T, x^{(2)} = (1,0,\frac{3}{2},\frac{3}{2})^T$, 都是基础可行解.

(2) $\begin{bmatrix} x_1 \\ x_2 \\ x_3 \\ x_4 \end{bmatrix} = \begin{bmatrix} 15/4 \\ 3/4 \\ 0 \\ 0 \end{bmatrix}, \begin{bmatrix} x_1 \\ x_2 \\ x_3 \\ x_4 \end{bmatrix} = \begin{bmatrix} 4 \\ 0 \\ 3 \\ 0 \end{bmatrix}, \begin{bmatrix} x_1 \\ x_2 \\ x_3 \\ x_4 \end{bmatrix} = \begin{bmatrix} 0 \\ 3 \\ 0 \\ 18 \end{bmatrix}, \begin{bmatrix} x_1 \\ x_2 \\ x_3 \\ x_4 \end{bmatrix} = \begin{bmatrix} 0 \\ 0 \\ 15 \\ 24 \end{bmatrix}$ 是基础可行解;

$\begin{bmatrix} x_1 \\ x_2 \\ x_3 \\ x_4 \end{bmatrix} = \begin{bmatrix} 5 \\ 0 \\ 0 \\ -6 \end{bmatrix}, \begin{bmatrix} x_1 \\ x_2 \\ x_3 \\ x_4 \end{bmatrix} = \begin{bmatrix} 0 \\ 12 \\ -45 \\ 0 \end{bmatrix}$ 是基础解, 不是基础可行解.

4. (1) 凸集, (2) 凸集, (3) 凸集.

6. (1) $x^* = \left(0, \frac{1}{2}\right)^T$; (2) $x^* = (4,2)^T$; (3) $x^* = (2,6)^T$; (4) $x^* = +\infty$.

练习 4

1. (1) $x = (0,0,2,6)^T$. (2) $x = (0,0,100,200)^T$.

2. (1) 最优解为 $x^* = (\frac{6}{5},0,\frac{17}{5},0,0)^T$, 最优值为 $z^* = \frac{81}{5}$;

(2) 最优解为 $x^* = (4,2,0,0,0,1)^T$, 最优值为 $z^* = 14$.

3. (1) 最优解为 $x^* = (2,6,2,0,0)^T$; 最优值为 $z = 36$.

(2) 最优解为 $x^* = (15,5,0,10,0,0)^T$, 最优值为 $z = 25$.

(3) 最优解为 $x^* = (0,\frac{8}{3},\frac{1}{3},0,0,\frac{1}{3})^T$; 最优值为 $z = -\frac{7}{3}$.

4. (1) 最优解为 $x^* = (1/3,0,13/3,0,6,0)^T$; 最优值为 $z_{\max} = 17$. (2) 是无界解. (3) 最优解为 x^* $= \alpha(2,3,2,0,0)^T + (1-\alpha)(4,2,0,1,0)^T, 0 \leqslant \alpha \leqslant 1$; 最优值为 $\min z = -8$.

5. (1) 最优解为 $x^* = (8,5/3,0,25/3,0,0)^T$, 最优值为 $z_{\min} = -z'_{\max} = -(-380) = 380$.

(2) 最优解为 $x^* = (4,1,9,0,0)^T$, 最优值为 $z = -2$. (3) 最优解为 $x^* = (0,3,1,2,0)^T$, 最优值为 $z^* = 6$. (4) 不存在可行解.

6. (1) 最优解为 $x^* = \left(\frac{1}{2}, 0, \frac{1}{4}, 0, 0\right)^{\mathrm{T}}$，最优值为 $z^* = \frac{31}{4}$.

(2) 最优解为 $x^* = \left(\frac{1}{2}, 0, \frac{5}{2}\right)^{\mathrm{T}}$，最优值为 $z^* = 8$.

(3) 不存在可行解.

(4) 最优解为 $\begin{bmatrix} x_1 \\ x_2 \\ x_3 \end{bmatrix} = \begin{bmatrix} 4 \\ 1 \\ 9 \end{bmatrix}$，其余 $x_j = 0$；最优值 $z = 2$.

7.

		x_1	x_2	x_3	x_4	x_5
z	-3	0	5	0	-3	3
x_1	$\frac{1}{3}$	1	$-\frac{2}{3}$	0	$\frac{2}{3}$	$-\frac{1}{3}$
x_3	$\frac{2}{3}$	0	$-\frac{1}{6}$	1	$-\frac{1}{6}$	$\frac{1}{3}$

8. 最优解为 $x^* = (4, 6, 0)^{\mathrm{T}}$，最优值为 $z = -12$.

练习 5

1. (1) $\max g = 4y_1 + 3y_2 + 83$
$$\begin{cases} y_1 + y_3 \leqslant 2 \\ y_2 + 2y_3 \leqslant 5 \\ y_1, y_2, y_3 \geqslant 0 \end{cases}$$

(2) $\min g = 20y_1 + 10y_2 + 5y_3$
$$\begin{cases} 3y_1 + 4y_2 + y_3 \geqslant 4 \\ 2y_1 - 3y_2 + y_3 = 5 \\ y_1 \geqslant 0, y_2 \leqslant 0, y_3 \text{ 无非负约束} \end{cases}$$

(3) $\max z = y_1 - 4y_2 + 3y_3$
$$\begin{cases} 2y_1 - 3y_2 + y_3 \leqslant 2 \\ 3y_1 + y_2 \leqslant 1 \\ y_1 - y_2 + y_3 = -4 \\ y_1, y_2 \geqslant 0, y_3 \text{ 无非负约束} \end{cases}$$
或
$\max z = y_1 + 4y_2 + 3y_3$
$$\begin{cases} 2y_1 + 3y_2 + y_3 \leqslant 2 \\ 3y_1 - y_2 \leqslant 1 \\ y_1 + y_2 + y_3 = -4 \\ y_1 \geqslant 0, y_2 \leqslant 0, y_3 \text{ 无非负约束} \end{cases}$

2. $x^* = (0, 2/3, 2/3)^{\mathrm{T}}$.

4. 原问题可行域非空，如 $(4, 0, 0)^{\mathrm{T}}$ 便是可行解，其对偶问题为

$\max z = 4y_1 + 3y_2$
$$\begin{cases} y_1 + y_2 \leqslant 1 \\ -y_2 \leqslant -1 \\ -y_1 + 2y_2 \leqslant 1 \\ y_1, y_2 \geqslant 0 \end{cases}$$，而此问题可行域为空，由对偶定理知原问题无最优解.

5. (1)√,(2)×,(3)×,(4)×,(5)√.

6. (1) 每月生产 A_1 34 万件,生产 A_3 44 万件,不生产 A_2,每月的总收益为 584 万元.(2) 每月生产 A_1 34.3 万件,生产 A_3 43.8 万件,不生产 A_2,每月的总收益为 586.8 万元.资源甲、乙的影子价格分别是 $\frac{14}{5}$,$\frac{2}{5}$,即:甲、乙分别增加一个单位,收益分别增加 2.8 万元和 0.4 万元.

7. (1) 每月生产 A_3 1 万件,生产 A_4 2 万件,不生产 A_1,A_2,每月的总收益为 88 万元.(2)资源甲、乙的影子价格分别是 $\frac{13}{3}$,$\frac{10}{3}$,即:甲、乙分别增加一个单位是收益分别增加 $\frac{13}{3}$ 万元和 $\frac{10}{3}$ 万元.

8. (1)最优解 $x^* = (\frac{5}{2},\frac{15}{2},0,0)^T$,最优值 $s^* = 4500$.

   (2)最优解 $x^* = \alpha(4,0)^T + (1-\alpha)(\frac{8}{5},\frac{6}{5})^T (0 \leqslant \alpha \leqslant 1)$,最优值 $s^* = 4$.

练习 6

1. (1)最优解为 $x_1 = \frac{1}{3}$,$x_2 = \frac{2}{3}$,最优值为 $s = \frac{5}{3}$;(2)当波动值 $\Delta c_1 \geqslant -2$ 或 $\overline{c_1} \geqslant 1$ 时,基 B 仍是最优基;
   (3) 当波动值 $\Delta b_1 \geqslant -\frac{1}{2}$ 或 $\overline{b_1} \geqslant \frac{1}{2}$ 时,B 仍是最优基;(4)B 仍是线性规划问题 (L') 的最优基.

2. (1)$\max s = 9x_1 + 8x_2 + 50x_3 + 19x_4$
   $$\begin{cases} 3x_1 + 2x_2 + 10x_3 + 4x_4 \leqslant 18 \\ 2x_3 + \frac{1}{2}x_4 \leqslant 3 \\ x_j \geqslant 0, j = 1,2,3,4 \end{cases}$$
   最优生产方案为:生产 1 万件产品 A_3,生产 2 万件产品 A_4,不生产 A_1,A_2,获得最大利润 88 万元.

   (2)当 $\lambda \leqslant 4$ 或 $c_1 = 9 + \lambda \leqslant 9 + 4 = 13$ 时,即产品 A_1 的价格波动小于 13 万元时,原最优解不变;原方案调整为:产品 A_1 生产 1 万件,产品 A_3 生产 $\frac{3}{2}$ 万件,A_2,A_4 不生产,对应的最大利润为 90 万元.

   (3)当 $15 \leqslant b_1 \leqslant 24$ 时,基 B 仍为最优基,最优解为 $x_1 = x_2 = 0$,$x_3 = 1 - \frac{1}{6}\lambda$,$x_4 = 2 + \frac{2}{3}\lambda$,最大利润为 $88 + \frac{13}{3}\lambda$.

   (4)增加约束条件后,最优方案为:生产产品 A_3 $\frac{4}{3}$ 万件,生产产品 A_4 $\frac{2}{3}$ 万件,总利润 $79\frac{1}{3}$ 万元.

3. 当 $\lambda < 6$ 时,无最优解;当 $\lambda = 6$ 时,最优解为 $x^{(1)} = (1,2,3,0,0,0)^T$,$x^{(2)} = (0,1,1,0,1,0)^T$;当 $6 \leqslant \lambda \leqslant 8$ 时,最优解为 $x^{(3)} = (0,0,2,1,2,0)^T$,最优值 $s = 18 - 3\lambda$;当 $8 \leqslant \lambda \leqslant 8.25$ 时,最优解为 $x^{(4)} = (0,0,0,2,4,1,0)^T$,最优值 $s = 66 - 9\lambda$;当 $\lambda > 8.25$ 时,无最优解.

4. 当 $-\infty \leqslant \lambda \leqslant -2$ 时,最优解为 $x^{(1)} = (\frac{3}{5},0,\frac{1}{5})^T$,最优值 $s = -\frac{22}{5} + \frac{4}{5}\lambda$;当 $-2 \leqslant \lambda \leqslant 3$ 时,最优解为 $x^{(2)} = (\frac{2}{5},\frac{1}{5},0)^T$,最优值 $s = -\frac{24}{5} + \frac{3}{5}\lambda$;当 $3 \leqslant \lambda \leqslant 12$ 时,最优解为 $x^{(3)} = (0,\frac{1}{3},0)^T$,最优值 $s = -4 + \frac{1}{3}\lambda$;当 $12 \leqslant \lambda \leqslant +\infty$ 时,最优解为 $x^{(4)} = (0,0,0)^T$,最优值 $s = 0$.

5. 当 $\mu < -4$ 时,无可行解;当 $-4 \leqslant \mu \leqslant -3$ 时,最优解为 $x = (-3-\mu, 4+\mu, 0)^T$,最优值 $s = -1$
$-\mu$;当 $-3 \leqslant \mu \leqslant +\infty$ 时,最优解为 $x = (0, \frac{5}{2}+\frac{\mu}{2}, \frac{3}{2}+\frac{\mu}{2})^T$,最优值 $s = 5+\mu$.

6. 当 $2 \leqslant \mu \leqslant +\infty$ 时,最优解为 $x = (0, 0, -2+\mu, -5+3\mu)^T$,最优值 $s = 0$;当 $1 \leqslant \mu \leqslant 2$ 时,
最优解为 $x = (2-\mu, 0, 0, -1+\mu)^T$,最优值 $s = 2-\mu$;当 $-\infty \leqslant \mu \leqslant 1$ 时,最优解为
$x = (\frac{5}{2}-\frac{3}{2}\mu, 0, \frac{1}{2}-\frac{1}{2}\mu, 0)^T$,最优值 $s = \frac{5}{2}-\frac{3}{2}\mu$.

7. 当 $\begin{cases} 2\lambda + \mu \geqslant -2 \\ \lambda - \mu \geqslant -1 \end{cases}$ 时,最优解为 $x = (0, 0, 3, 2)^T$,最优值 $s = 0$;当 $\begin{cases} 2\lambda - \frac{1}{2}\mu \geqslant -2 \\ \lambda + \frac{1}{2}\mu \leqslant -1 \end{cases}$ 时,最优解为 x

$= (1, 0, 2, 0)^T$,最优值 $s = 2+2\lambda+\mu$;当 $\begin{cases} 4\lambda - \mu \leqslant -4 \\ \lambda + 2\mu \leqslant -1 \end{cases}$ 时,最优解为 $x = (\frac{5}{3}, \frac{4}{3}, 0, 0)^T$,最优值

$s = \frac{14}{3}+\frac{14}{3}\lambda+\frac{1}{3}\mu$;当 $\begin{cases} \lambda + 2\mu \geqslant -1 \\ \lambda - \mu \leqslant -1 \end{cases}$ 时,最优解为 $x = (0, 3, 0, 5)^T$,最优值 $s = 3+3\lambda-3\mu$.

练习 7

4.(1)

产地 \ 销地	B_1	B_2	B_3	B_4	发量
A_1	2	⑤ 9	10	④ 7	9
A_2	③ 1	3	4	② 2	5
A_3	8	③ 4	④ 2	5	7
收量	3	8	4	6	21

(2)

产地 \ 销地	B_1	B_2	B_3	发量
A_1	8	5	④ 7	4
A_2	9	② 4	② 6	4
A_3	③ 1	3	⓪ 2	3
收量	3	2	6	11

5. 空格 $x_{14}, x_{22}, x_{23}, x_{31}$ 的闭回路.(调整闭回路)

x_{14} 的闭回路

产地 \ 销地	B_1	B_2	B_3	B_4	发量
A_1	①	②			3
A_2	⑤				5
A_3		①	②	④	7
收量	6	3	2	4	15

x_{22} 的闭回路

产地 \ 销地	B_1	B_2	B_3	B_4	发量
A_1	①	②			3
A_2	⑤				5
A_3		①	②	④	7
收量	6	3	2	4	15

x_{23} 的闭回路

产地＼销地	B_1	B_2	B_3	B_4	发量
A_1	①	②			3
A_2	⑤				5
A_3		①	②	④	7
收量	6	3	2	4	15

x_{31} 的闭回路

产地＼销地	B_1	B_2	B_3	B_4	发量
A_1	①	②			3
A_2	⑤				5
A_3	①	②		④	7
收量	6	3	2	4	15

6. $\lambda_{14} = (5+3) - (5+8) = -5$；$\lambda_{22} = (5+1) - (2+9) = -5$；

$\lambda_{23} = (4+5+1) - (5+2+2) = 1$；$\lambda_{31} = (5+2) - (5+7) = -5$；

7. (1) 最优解为 $x = (3,0,0,6,0,5,0,0,0,3,4,0)^T$；

最小运费 $s = 2 \times 3 + 7 \times 6 + 3 \times 5 + 4 \times 3 + 2 \times 4 = 83$.

(2) 最优解为 $x = (0,0,2,1,0,0,0,5,2,1,5,0)^T$；

最小运费 $s = 1 \times 2 + 4 \times 1 + 3 \times 5 + 1 \times 2 + 4 \times 1 + 2 \times 5 = 37$.

8. 最优解为 $(0,2,8,0,13,0,0,0,2,10,0,5)^T$；

最小运费 $s = 2 \times 5 + 8 \times 7 + 13 \times 1 + 2 \times 5 + 10 \times 8 + 5 \times 7 = 204$.

9. 最优解为 $(50,150,0,100,100,0,200,0)^T$；

最小运费 $s = 2500$.

10. (1) 初始解 $(0,0,15,20,0,0,0,10,5)^T$；(2) 最优解 $(0,0,15,20,0,0,0,10,5)^T$；(3) 因为非基变量的检验数均为负数, 所以只有一个最优解；(4) 最优解 $(0,0,15,20,0,0,10,10,5)^T$. 最小运费

$s = 4 \times 15 + 3 \times 20 = 120.$

11.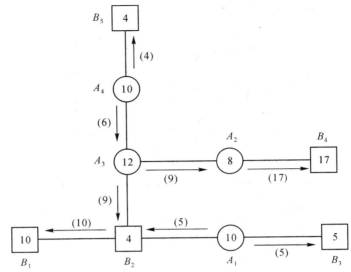

12. 总运量 $= 4 \times 6 + 2 \times 7 + 1 \times 7 + 4 \times 3 = 69.$

13. 最优流向图为

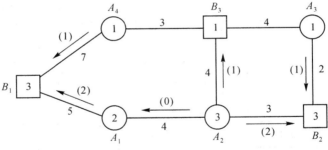

14. 最优流向图为

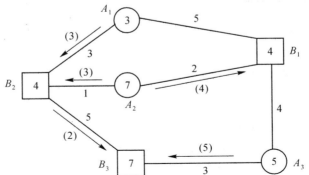

15. 最优流向图为

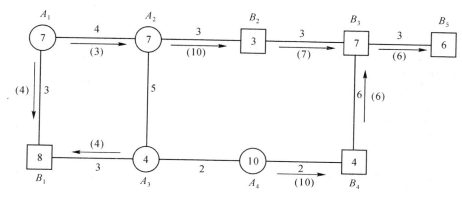

总练习

一、1√;2√;3√;4×;5×;6×;7×;8√;9×;10×;

二、1.(1) (P_2,P_5,P_3);(2) $c\leqslant 0,a,b\in \mathbf{R},(0,3,6,0,2)^{\mathrm{T}}$;(3) $c>0,a\leqslant 0,b\leqslant 0$;(4) $c>0,a\leqslant 0$,

$b>0$ 或 $c>0,a>0,b>0$,且 $\dfrac{3}{a}\geqslant \dfrac{2}{b}$;

2.(1) $r\geqslant 0,p,q\in \mathbf{R},r\geqslant 0,p>0,q\leqslant 0$;(2) $r\geqslant 0,p\leqslant 0,q\in \mathbf{R}$;(3) $r<0,p\leqslant 0,q\in \mathbf{R},q\geqslant 0$.

3.凸,极;4.最优,相等;5.对流,迁回;6. $B^{-1}b\geqslant 0$ $\begin{pmatrix} x_B \\ x_N \end{pmatrix} = \begin{pmatrix} B^{-1} \\ 0 \end{pmatrix}$;7.有可行解而无最优

解;8.可行解;9.A 中一个 m 阶可逆阵,m,$\begin{pmatrix} c_B B^{-1}b & c_B B^{-1}A-c \\ B^{-1}b & B^{-1}A \end{pmatrix}$;10.基础可行解.

三、1.(1) $\max s = 10x_1 + 5x_2$,

$$\begin{cases} 3x_1 + 4x_2 \leqslant 9 \\ 5x_1 + 2x_2 \leqslant 8 \\ x_1 \geqslant 0, x_2 \geqslant 0 \end{cases},$$

(2)

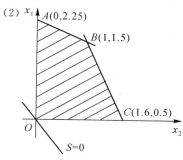

由图可知在 B 点达到最优,应生产 B_1 产品 1 吨,B_2 1,5 吨,能得最大利润为 17.5 万元.

2.(1) $\max s = 80x_1 + 120x_2$

$$\begin{cases} 0.1x_1 + 0.2x_2 \leqslant 9 \\ 2x_1 + x_2 \leqslant 60 \\ x_1 \geqslant 0, x_2 \geqslant 0 \end{cases},$$

(2) 应生产书桌 10 只, 生产书柜 40_2 只, 能得最大利润为 5600 元,

(3)

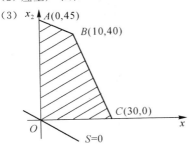

(4) $x = (30, 0, 60, 0)^{\mathrm{T}}$, 对应可行域中 C 点.

四、1. (1) $\min g = 25y_1 - 2y_2 + 3y_3$

$$\begin{cases} y_1 + y_2 + y_3 \geqslant -1 \\ y_1 - 2y_2 - y_3 = 1 \\ 2y_1 + y_2 + y_3 \geqslant 1 \\ y_1 \geqslant 0, y_2 \geqslant 0, y_3 \text{ 无非负限制} \end{cases}$$

(2) $\max g = 5y_1 - 4y_2 + 6y_3$

$$\begin{cases} -y_1 + 2y_2 \leqslant -2 \\ y_1 + y_3 \leqslant 3 \\ -3y_1 - 2y_2 + y_3 \leqslant -5 \\ y_1 + y_2 + y_3 = 1 \\ y_1 \geqslant 0, y_2 \geqslant 0, y_3 \text{ 无非负限制} \end{cases}$$

2. (1) $\min s' = +2x_1 - 3x'_2 + 3x''_2 - x_3$ (2) $\min s = 2x_1 - 2x_2 + 3x'_3 - 3x''_3$

$$\begin{cases} x_1 - x'_2 + x''_2 + 2x_3 - x_4 = 8 \\ 2x_1 + x'_2 - x''_2 - 3x_3 + x_5 = 20 \\ -x_1 + x'_2 - x''_2 + 2x_3 = -2 \\ x_1, x'_2, x''_2, x_3, x_4, x_5 \geqslant 0, \end{cases}$$ $$\begin{cases} -x_1 + x_2 + x'_3 - x''_3 - x_4 = 4 \\ -2x_1 + x_2 - x'_3 + x''_3 = 6 \\ 3x_1 - 2x'_3 + 2x''_3 + x_5 = 3 \\ x_1, x_2, x'_3, x''_3, x_4, x_5 \geqslant 0 \end{cases}$$

五、1. (1) $x^* = (0, 1, 2)^{\mathrm{T}}, z^* = 19;$ (2) $x^* = (0, 0, 2, 1, 0)^{\mathrm{T}}, z^* = 8;$

(3) $x^* = \left(0, \dfrac{5}{2}, \dfrac{3}{2}, 0, 1, 0\right)^{\mathrm{T}}, z^* = 4.$

2. (1) $x^* = \left(\dfrac{4}{3}, \dfrac{16}{3}\right)^{\mathrm{T}} z^* = 12;$ (2) 有无穷多个最优解. $x^{(1)} = \left(\dfrac{11}{2}, \dfrac{9}{4}, 7\right)^{\mathrm{T}}$ 和 $x^{(2)} = \left(\dfrac{7}{2}, \dfrac{21}{4}, 3\right)^{\mathrm{T}}$ 为两个最优基可行解.

3. (1) $x^* = (3, 0, 1, 3)^{\mathrm{T}}, z^* = 2;$ (2) 无有限最优解.

六、1. (1) $x = (0, 1.5, 1)^{\mathrm{T}}, \min s = 36;$

$$\max g = 3y_1 + 5y_2$$

(2) $\begin{cases} y_1 \leqslant 4 \\ 2y_2 \leqslant 12 \\ 3y_1 + 2y_2 \leqslant 18 \\ y_1, y_2 \geqslant 0 \end{cases}$, $\max g = \min s = 36$;

2. (1) $x = (30,0,0,0,40)^{\mathrm{T}}, \min s = 30$;

$$\max g = 30y_1 + 20y_2$$

(2) $\begin{cases} y_1 + 2y_2 \leqslant 1 \\ 2y_1 + y_2 \leqslant 2 \\ 2y_1 + 3y_2 \leqslant 4 \\ 3y_1 + 2y_2 \leqslant 4 \\ y_1, y_2 \geqslant 0 \end{cases}$, $\max g = \min s = 30$;

3. (1) $x = (0,1,4)^{\mathrm{T}}, \min s = 5$;

$$\max g = 3y_1 + 2y_2$$

(2) $\begin{cases} y_1 - y_2 \leqslant 2 \\ -y_1 + 2y_2 \leqslant 1 \\ y_1 \leqslant 1 \\ y_2 \geqslant 0, y_1 \text{ 无非负限制} \end{cases}$, $\max g = \min s = 5$.

七、1. (1) 初始调运方案

产地＼销地	B_1	B_2	B_3	产量	B_1	B_2	B_3
A_1	56			56	④	8	8
A_2		41	41	82	16	㉔	⑯
A_3	16	61		77	⑧	⑯	24
销量	72	102	41		0	8	0

(2) 最优调运方案

产地＼销地	B_1	B_2	B_3	产量	B_1	B_2	B_3
A_1		56		56	4	⑧	8
A_2		41	41	82	16	㉔	⑯
A_3	72	5		77	⑧	⑯	24
销量	72	102	41		0	8	0

$\min s = 2744.$

（3）另一个最优调运方案

销地 产地	B_1	B_2	B_3	产量	B_1	B_2	B_3
A_1		56		56	4	8	8
A_2	41		41	82	16	24	16
A_3	31	46		77	8	16	24
销量	72	102	41				

2.（1）初始调运方案

销地 产地	B_1	B_2	B_3	产量	B_1	B_2	B_3
A_1		20	20	40	6	10	10
A_2	80			80	2	6	4
A_3	40	20		60	4	6	8
销量	120	40	20		2	4	4

（2）最优调运方案

销地 产地	B_1	B_2	B_3	产量	B_1	B_2	B_3
A_1	40			40	6	10	10
A_2	60		20	80	2	6	4
A_3	20	40		60	4	6	8
销量	120	40	20		2	4	4

$\min s = 760.$

（3）最优调运方案惟一

八、1. 最小总运输量 $s = 101;$ 2. 最小总运输量 $s = 64.$

参 考 书 目

[1] 胡富昌.线性规划(修订本).北京:中国人民大学出版社,1990.05

[2] 韩伯棠.管理运筹学(第2版).北京:高等教育出版社,2005.07

[3] 管梅谷等.线性规划.济南:山东科学技术出版社,1983.06

[4] 张干宗.线性规划(第二版).武汉:武汉大学出版社,2004.03

[5] 胡运权.运筹学教程(第二版).北京:清华大学出版社,2003.05

[6] 同济大学应用数学系.线性代数(第四版).北京:高等教育出版社,2003.07

[7] 线性规划.(美)瓦泽斯坦(Vaserstein,L.N.)等著.谢金星等译.北京:机械工业出版社,2006.1

[8] 张建中等.线性规划.北京:科学出版社,1990.12

[9] 高红卫.实用线性规划工具.北京:科学出版社,2007.01

[10] 薛嘉庆.线性规划.北京:高等教育出版社,1989.10

图书在版编目（CIP）数据

线性规划 / 张香云主编. —杭州：浙江大学出版社，
2009.12（2018.8 重印）
ISBN 978-7-308-07211-3

Ⅰ.线… Ⅱ.张… Ⅲ.线性规划－高等学校－教材
Ⅳ.O221.1

中国版本图书馆 CIP 数据核字（2009）第 216075 号

线性规划

张香云　主编

责任编辑	余健波	
封面设计	吴慧莉	
出版发行	浙江大学出版社	
	（杭州市天目山路 148 号　邮政编码 310007）	
	（网址：http://www.zjupress.com）	
排　　版	杭州中大图文设计有限公司	
印　　刷	浙江省良渚印刷厂	
开　　本	787mm×960mm　1/16	
印　　张	12.5	
字　　数	280 千	
版 印 次	2009 年 12 月第 1 版　2018 年 8 月第 6 次印刷	
书　　号	ISBN 978-7-308-07211-3	
定　　价	24.00 元	